古怪的身体

时尚是什么

〔日〕鹫田清一 著

吴俊伸 译

ちぐはぐな身体 —— ファッションって何？

重慶大学出版社

1. 漏洞百出的身体

2. 不好看的衣服

3. 不平衡的存在

4. 衣服这个石膏

1.

漏洞百出

的身体

不好看的身体，让人为难的身体

身体这个东西，真是让人为难。

它和我们想象中的完全不一样：它不是那么好看，即使我们再怎么下功夫，也很难有大的改变；在我们不想被看到的时候，却没办法把自己的身体遮起来不被看到……这不好看又麻烦的身体，我们甩也甩不掉，真是让人没办法，有时候就难免会有些讨厌它。

应该是十几岁的时候开始的吧：声音变得奇奇怪怪；脸上的油脂越来越多，冒出粉刺；这令人尴尬的地方长出深色的毛发；胸前难受地胀起来；小腹剧痛，血从两腿之间流下……

身体给我们带来这样那样的病痛，我们却无法预知这些东西什么时候会来，所以在应对的时候，永远都处在一个特别被动的位置。即使来了，也只能尽量去安抚自己，学会接受和妥协。我们每个人都是如此渺小又无防备地存在，对自己的身体总是抱有种种的不安。

更让人不知所措的是，我们自己本身竟然无法看见自己全部的身体。一个人的身体，自己真正能看见的地方，到底又有多少呢？手和胳膊我们还算能看得清楚，可是到了腋下就不怎么看得见了。在处理腋毛的时候，脖子和眼睛都要转一个弯，简直要把人累死才好。当然，有人会说，照个镜子不就完了吗。可是镜子里的左右又和实际的左右不一样，简直要让人抓狂。因为我自己是男的，处理体毛的时候，也就是刮个胡子而已。但我记得自己在青春期刚长腋毛的时候，为了能看清楚这崭新的毛发，让我整个肩膀都抽了筋。而肚子虽然低头就能看得到，但稍微往下一点就不是那么容易了。对于女孩子们来说，最隐私的部位要是不用镜子的话想必是完全看不见吧。

我们看不见自己的后背和后脑勺也就算了，最让人不解的是，我们竟然看不见自己的脸。虽然透过镜子能看到，但那张脸，一定是在那一个时刻摆出来，早已设定好了的一张脸。我们永远都无法用自己的双眼看到自己面对别人时的脸。在这张脸上写满了我们每一个细微的情感，在我们无法看见、控制的时候，原封不动地传达给他人。这是多么可怕的一件事啊！古时候的人们戴斗笠或者干脆用头发遮住脸，直到现在世界上某些地方的人们也在户外会用布遮住脸，仔细想想也不是没有道理。

尼采说过，每个人距离自己最遥远。那是不是可以说，每个人距离自己的身体也是最遥远的呢？自己的身体我们只能看到一小部分，身体的内部更是完全看不见。在医院通过胃镜或者放射片虽然能看到自己身体的内部，但是在医生说这是你的身体的时候，看着照片上陌生的器官，怎么努力都无法得到一种实际的感觉。我们自己能从自己身体上获得的信息真是少得可怜。

每个人距离自己的身体最远，想起来就觉得挺荒谬的了，而更荒谬的是，自己的身体还会在不知不觉中产生各式各样的变化。

最近我总没来由地感觉自己的身体在萎缩，特别是在搬来东京生活之后。21年飞快地过去，我不再能自由地活动自己的身体，有时候连声音也发不太出来，就好像一个木偶一样。我开始有很多的顾虑，很多的迷惘，有时甚至萎靡不振，但又说不出自己到底是怎么了，心里好是着急。

最近解散的舞蹈团体"白虎社"中的原舞者青山美智子，在团体活动中因交通事故去世了。她在当年的入团申请书中曾写道，每个人都会体会到身体的闭塞感。这种闭塞感，也可以说是身体变得僵硬的这种感觉。这种僵硬不是因为人感到紧张或是羞耻，而是来自于一种强迫观念的束缚。比如说：触摸异物会让人害怕；醉大叔在自己身边会觉得不舒服；因为担心自己的体臭和口臭会被他人察觉而感到不安（也有"口腔精神病"的说法）；因为无法忍受皮肤出油，只要一有时间马上就洗澡的洁癖症；只要是自己的身

图1　白虎社公演《秘鸣森林》(编剧／导演／编舞：大须贺勇)，
在和歌山县熊野野外剧场跳舞的蛭田早苗，摄影：风间秀夫

体在"标准尺码"之外，就会觉得自己丑，并且立马开始节食；因为瘦身带来的饮食紊乱，进而绝食或是暴食，等等。这些病症一直就在我们每个人的身边。

敏感的身体

作为「像」的身体

身体的各种意识往往很容易纠缠在一起，每一丁点儿小的事就能让其意识产生动摇。身体的这种脆弱和敏感到底是从哪里来的呢？

如果我说身体是"像"的话，会不会有人觉得吃惊呢？确实，如果没有了身体，我们人也就无法存在。这看得见、摸得着的东西也不该只是个"像"。如果你不同意我的说法，我也不会觉得奇怪。可是真的是这个样子吗？

我们每个人都自然而然地认为，没有任何人比自己更贴近自己的身体。比如说我的手不小心被刀切到了很疼，对于他人来说，这种疼虽然可以理解，却不会疼到他的身上。在这里，被刀切到的"我"实际上说的仅仅只是"我的身体"，这两者之间是紧紧相连的。可是仔细想想，对自己身体的了解，我们其实比自己想象中的要少得多。它是一个看不见、摸得着的存在。比如说，身体内部也就算了，我们连自己的后脑勺和背都看不到。不提别的，我们永远无法看见自己的脸。而就在这张脸上，总是会在没有防备的时候流露出连我们自己都无法控制的各种感情。我们对自己的身体不但了解不多，而且更不能很好地控制。这么说来，我们离自己身体难道不是比我们想象的要远得多吗？

看也好，摸也好，我们自己从来只能得到关于自己身体信息的片段。而隔着一段距离，所谓的"全身像"，只存在于我们每个人的想象里。也就是说，我们的身体只是一个想象的产物，只是一个"像"。换句话说，我们所看见和感受到的身体都只是有限的一部分，这些零散的"一部分"和我们自己各种各样的想象如拼图一样凑在一起，形成了我们所谓的完整的身体这个概念。比如我们所穿的衣服就属于身体的一个"全身像"。而正是因为身体只是想象和说明的产物，所以自然也就特别脆弱和敏感。

所以如果被人用讶异的眼光盯着看，我们身体的"像"马上就会产生动摇。如果突然被人要求穿上异性的服装，由于和本来"像"的属性不同，身体立马就会陷入一种危机感。

「像」的加深

包围身体

我们每个人都采用着各种手段来加深自己身体的"像"。我们努力加深自己的轮廓，减轻自己脆弱的存在带来的不安。要让原来看不见的身体轮廓变得清晰，只需要激活皮肤的感觉。泡澡、冲凉、日光浴、运动挥汗，又或是投入亲人的怀抱，与异性相互爱抚等这样同他人的身体接触，为什么这些都让我们觉得特别舒服呢？泡澡或是冲凉，水和皮肤的温度差能给皮肤带来刺激，能够激活皮肤的感觉。在这个过程中，平常看不见的后背或是大腿内侧这样的地方，一下子被带到清晰的意识表面上来。在视觉上无法直接感觉到的身体轮廓，通过皮肤的感觉得到补充。再比如被父亲抱着坐在膝盖上，后背上宛如温暖墙壁的感触之所以会

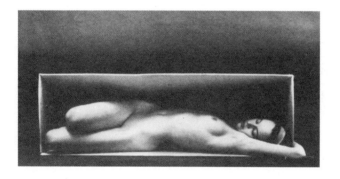

图2　鲁斯·博恩哈德（Ruth Bernhard），《盒中》（*In the Box*），1962年

让人觉得安心，除了心理因素之外，也有同样的理由。激烈运动后的畅快淋漓是这样，当别人的手触碰到自己的时候是这样，喝酒的时候血脉喷张的感觉也是这样，都是因为他们加深了身体这微弱的"像"。而正是他们为我们每个人脆弱的存在筑起了各种各样的围墙。

而衣服其实也算是其中的一种。穿着衣服时，随着身体的活动，我们的皮肤会和面料产生接触。而这种触感，让平常看不见的身体轮廓变得清晰起来。

「像」的强化

分割身体

我们的身体作为一个"像"而存在，它只是一个想象和解释的对象。除了通过皮肤感觉增强这个"像"的轮廓之外，社会赋予我们的各种意义（如性别、性格、职业、生活方式等）也让这个"像"得到多重的包装和强化，通过各种能看得见的形式被表现出来。

这种方法可以看作是身体，或是"像"的分割。这是让身体的表面能被赋予各式不同意义的基本手法。拿布举个例子：如果想要将一块布穿在身上，用绳子或是扣子让布的两端合起来，变成一个筒状就行。这时，"内"和"外"的概念由此诞生。内部对于自己来说，是一个"秘密"的空间。所以在把布穿在身上的这一个行为里，产生了"露出"和"隐藏"这两个同时存在的行为。人的视线往往总被布和露出的身体之间的界限所吸引。而视线锁定的地方，就是所谓的服装的重点。胸前开到多深，裙摆的位置在哪里，露不露出脚踝、膝盖或是大腿，袖口的位置在哪里，头发多长，袜子的上端到哪里，等等这些，哪怕只是一厘米的出入都会让人感觉不同。黑色的吊袜带和丝袜给人带来诱惑的感觉，也是因为身体被这样象征性地分割了吧。

这样的分割当然也可以直接在皮肤上进行。用口红将嘴唇与其周围分开，用眼线围住眼睛，头发的造型、指甲油、项链和手镯等，都在象征性地将身体分割开来。在身体的表面画线，将它分成不同的部分，让每个部分都拥有不同的意义。而这切割线越锋利，带来的诱惑力就越大。

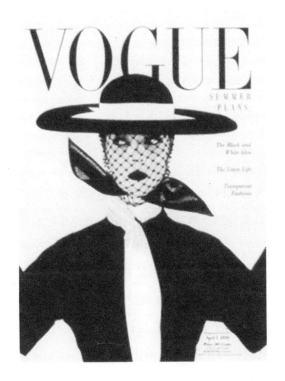

图3　伊文·潘（Irving Penn），*VOGUE* 封面，1950年

公开的 身体， 私密的 身体

能让他人看到的部分和不能让他人看到的部分，应该是人身体上最重要的分割，也就是衣服和外露皮肤的分界。在我们当下的社会中，露出脸和手脚的一部分已经被完全接纳。这么说的话，脸和手脚属于身体公开的一部分，而与生殖、排泄相关的部分，以及生殖、排泄器官周边的部分，属于身体私密的一部分。在这样的分界下，各种各样的故事开始在身体的表面展开。

在说到身体的隐藏和露出，法国的精神科医生勒莫恩（Eugénie Lemoine-Luccioni）认为，脸总是在和身体的其他部位玩捉迷藏："用衣服遮蔽身体，虽然看上去好像是把交流的优先权交给脸，但是其实也让身体同时成为了交流的道具。"就像是在暗黑舞踏[1]中涂满白粉的浓妆一样，虽然抹去了脸部的信息，但却通过身体的运动同样起到了交流的作用。在像这样通过身体来交流的艺术中，哑剧里小丑无表情的化妆也是同样的道理。而女性日常的化妆时而浓时而淡，也是希望借此来调节她们在他人心中自己形象的轻重。

直接在皮肤表面的分割也能带来跟这些很不一样的效果。当人涂上红色口红的时候，鲜艳而湿润的红唇立马就以一个独立的形象在脸上凸显出来。这种分离与独立将人带入到多种多样的联想关系中，比如说性器官，等等。

雷尼·马格利特（René Magritte）这位超现实主义画家在他的画作《凌辱》（Le viol）（1945年）中画了一幅人像。画中人以乳头为眼睛，肚脐为鼻子，性器官为嘴巴，整张脸由一个女性身体的正面组成。而在用于安德烈·布勒东（André Breton）[2]的《超现实主义是什么？》（Qu'est-ce que le surréalisme?）（1934）封面上，嘴的部分加上了胡子（阴毛）。

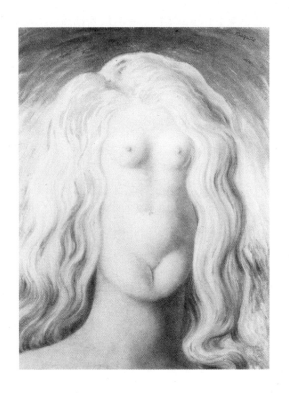

图4 雷尼·马格利特,《凌辱》(*Le viol*),1945年

图5 雷尼·马格利特为安德烈·布勒东，
《超现实主义是什么？》（*Qu'est-ce que le surréalisme?*）创作的封面，1934年

英文的"Lip（嘴唇）"和日语的"嘴"所指的意思其实不是太相同。日语中"嘴"说的是嘴唇及其周围的部分，所以有"他嘴上长了胡子"这种说法。而画上红唇，就这么把"嘴唇"从"嘴"上分离了出来。

译者注——
1.暗黑舞踏：现代舞的一种，由日本于二战后所创，其舞者通常全身赤裸涂满白粉。
2.安德烈·布勒东（André Breton）：1896~1966，法国诗人和评论家，超现实主义理论创始人之一。

「恶心」的感觉

在我们的生活中，这种分割和划界有着重要的意义，时尚则将这种意义用更加象征性的手法表现出来。而这种行为又不仅仅限于时尚，它在生活中的各个方面都无处不在。

我们总会不自觉地做着各种各样的分类：东西分为自己的东西和别人的东西，人分为男人和女人，尽管在外形上的差别并没有我们想象中的大，却在服装和行为上被我们加上了过度明确的区分。比如说男女之间在腿的构造上并不存在那么大的区别，却有着男人穿裤子、女人穿裙子这样的观念。就连乳房没有发育的小女孩都会在游泳的时候穿上连体泳装，可见我们自己给自己设定的固定观念是多么强大。

除此之外还有活着的和死了的，可以吃的和不能吃的，伙伴和敌人，可知的和未知的，有害的和无害的……数也数不清。总之我们总将这个世界一分为二，然后选择其中的一方。

在我们能体会到的各种感觉中，有一种特殊的感觉叫"恶心"。呕吐物、大小便、痰、垃圾、澡盆里浮起的污垢、床单上的头发……这些东西往往会给很多人带来恶心的感觉。我曾经在一所护士学校教过哲学，有一次我问同学们，什么东西让他们感到最恶心，结果学生们竟然说"怪大叔"。我当时完全没想到会得到这样的答案，措手不及到差点晕倒，那天的课也不了了之。而说到呕吐物、大小便、痰、鼻涕、口水、污垢、头皮屑等这些让人觉得"恶心"的东西，他们都有一个共同点：他们本来都不是恶心的东西。也许有人会觉得这是个歪理，但是仔细想想，呕吐物、排泄物也好，痰、鼻涕或是口水也好，它们最初都来自于身体内部。当他们还在体内的时候，谁也不会觉得它们恶心。如果大小便真的恶心的话，那我们就得无时无刻地服泻药、跑厕所，保证它们不在体内。污垢和头皮屑这些在作为皮肤一部分的时候没有人会觉得恶心，可是一旦从皮肤上脱落下来就变成了"恶心"的东西。而口水，恋人或是家人之间相互亲吻也从来没有人会说恶心。这样一来，大小便也好，痰也好，鼻涕也好，口水也好，其实都不是恶心的东西，而是在被设定的某种情况之下变成了"恶心"的东西。

那这是怎样的一种情况呢？就是存在于体内的东西通过身体的开口排出体外的时候，以及身体的一部分从身体上剥落的时候。拿鼻涕举个例子：流鼻涕的时候用纸巾擦掉然后扔进垃圾箱里就没问题，但是让它这么流出来不管就成了问题。大便也是这样，排便后马上冲水，把屁股擦干净就没事。从体内排出的东西，只要能抚去，扔在看不见的地方，就不是个问题。只有这个在中间的情况，也就是"排出"这个状态，或是"进进出出"的状态，才是个问题。

而当界限模糊的时候，或者说里外不分、你我不明的时候，人们常常会产生"恶心"的感觉。将自己的内部和外部，"自己"和"不是自己"之间的界限变模糊就是所谓的"恶心"。

『界限』这个问题

讨厌和害怕，这两种感觉，在构造上其实相似：因为我们的生活中存在着各种禁忌。拿吃举个例子吧：我们的周围基本上不存在不能吃的东西，但是总有那么些没有办法吃的东西。

在哺乳动物中，像牛、羊、猪这样的家畜，多数人都可以毫无问题地吃掉，但是像猫狗这样的宠物就没办法，甚至想都没想过，更别说随便吃掉旁边一个人这样恐怖的事情了。就算是被人强迫要吃，也没法吃得下去。和人比较像的猴子，也不是每个人都那么容易下得了嘴。对许多人来说，多数家畜类型的动物虽然可以无忧无虑地吃掉，但是鹿、熊或是兔子这样可爱的动物却又被人怜爱。然后相对于像犀牛、长颈鹿这样远在异国的野生动物，或者生活在我们看不见的地方的蛇和蝾螈，人们还是会有抗拒的心理。可是仔细想想，在这些动物里，没有一个是不能吃的，有的却真的让人没办法吃。这深藏其中的规则到底是什么？

再举一个例子吧：性接触（或是结婚）的禁忌。在现代很多社会中允许自由的性接触，只要是在同一个村落和不同家族的人之间进行就可以，与父母或兄弟姐妹之间的性接触或者通婚往往是被禁止的。有的地区不允许表亲之间通婚，有的地区可以。同性之间的性接触在长久以来都被视为异类。和所属共同体之外的人，比如说异国或者他族的人之间的婚姻，在以前也不是那么容易的事。现在我们都以"地球人"自居，像这样各式各样的禁忌逐渐被解开。若在这个时代除了近亲通婚之外的禁忌，只剩下和外星人、非生物之间的性接触了吧。把人类看作一个共同体（其实人们经历了长久的时间才意识到，人类其实是一个跨越人种、民族等的一个概念），和这个共同体之外的存在之间的性接触应该是我们这个时代的禁忌。

吃也好，性接触也好，一般在两种情况下会被禁止：当对象是自己或者是自己的一部分，或是家族一员的时候；当对象来自于完全的外部，对于自己是异界存在的时候。后一种情况，由于其来源，大概是因为无法将它置于自己的生活之中，所以让人觉得不舒服；前一种情况，像吃家人或宠物，与其发生性关系等，大概和"恶心"和"可怕"这样的感觉一样，都是因为对象是来自自己身体的一部分，让人无法区分自己和他人之间的区别，是一个矗立在分界线上的存在，一个无法分类的存在，所以才会激起我们心中强烈的情感。

如果这些存在被认同的话，意义的差异和秩序就无法成立，秩序的根基也会产生动摇。人们在连续的存在里，用"意义"这个不连续的存在进行分割，利用差异这个体系创造秩序。男／女，成人／儿童，内部／外部，自己／非自己，亲人／他人，正常／异常，能吃／不能吃，有害／无害……在这个世界里，我们设定出这样那样的区别，附上不同的意义，利用这个体系来给予生活一定的安心感。所以对于任何企图破坏这个体系的意图也会特别敏感。为了保护自己，那些模糊界限的东西、可有可无的东西或是带有侵略性的东西都会渐渐被除掉。而这些东西就是我们常说的禁忌。

「感情」这个制度

最要命的是，对于人来说，所有的禁忌，往往正是最具诱惑力的东西。界限这个东西本来就是我们人为创造的。"天塌下来"的预感、令人毛骨悚然的感觉等，这些对我们都有着极大的魅力。小时候我们老喜欢在烂泥里打滚，即使怎么被父母骂也还是继续滚个乐此不疲。那个时候也从来都是随时随地随意大小便，完全不会觉得恶心。这种深层的记忆无法被抹去，就像有些人的爱好，即使被说成变态也不会因此放弃一样。人真不是一个简单的生物。

能吃却不可以吃，可能进行性接触却碰都不想碰，除了"恶心""可怕"这样的想法在里面之外，与其说这是生理的反应，不如说是我们根深蒂固感情的作用。但是这里说的感情，并不是指的与生俱来的自然情感，而是人为设定的，换句话说，是一种制度。为什么不会吃宠物呢？不是因为不能吃，而是因为吃宠物这件事是被禁止的。这种"不许吃"的想法被强迫地植入我们的脑子里，渐渐我们就有了"不能吃宠物"这样的感觉。

同时，这也是一个跟文化根基息息相关的问题。首先，文化是自然经过加工后的产物。这个被加工过的产物往往让人产生这就是自然的错觉，也就是说我们人为地将自然替换成了被加工后的"第二自然"。而对自然的加工，首先体现在我们对身体的加工上，因为身体是离我们每个人最近的自然。像是出生时我们自然的发声体系，经过加工后变成了井井有条的音律体系（哼哼唧唧的声音变成了清晰的词句）。而身体自然的运动变成了有序的表情、神态和动作。最容易理解的一个通过操作自然外在而产生改变的例子，就是穿着打扮了。

围着身体打转

对身体表面的加工，除了上述对身体进行象征性的分割之外，还有对身体进行的直接加工。实际上，我们的身体上完全没有经过加工的部位基本上不存在。对大多数女性来说，每天都会梳头、剪发、绑发、画眼线、眉毛，打耳洞，画腮红，涂口红，戴项链、耳环等。而颈部以下则用布料包裹住，然后涂上指甲油，套上透明的丝袜，穿上鞋子。而对男性来说，身体的大部分基本上都被布料裹住，脸上的功课只在于定期刮胡子。好不容易生长出来的毛发，因为根深蒂固几近于强迫的观念又被剃掉。以前的武士总是留有比较极端的发型，就像今天的朋克头一样，在头发上一直做减法。我们每天孜孜不倦地通过变形与加工处理着

我们的身体，有时候都想对自己说一句"辛苦了"。（参照图6、图7）

我们无一例外地深陷身体加工不可自拔，对此法国文化人类学家阿诺德·范·根纳普（Arnold van Gennep）[3]说过："人类的身体就像一块木头一样，我们可以根据自己的喜好雕刻与造型。可以削掉凸出的部分；可以挖几个洞，让扁平的表面变得栩栩如生。"（《通过仪礼》（*Les Rites de passage*））

通过这样的加工和变形，与生俱来的身体就变得不一样了。在这之中，语言就是最好的证据：由出生时的自由发声，变换到只有有限母音的音律体系，由此诞生了语言。像这种自然的变形是文化的基础。

穿着打扮都是人类对身体加工的行为。衣服在这里起到了复杂的变形作用：利用布料可以创造膨胀、伸展或是纤细、紧绷的感觉，在身体的表面做出不同的文章。

图6 发型 / 摄影：Jean-Philippe PAGES，1985年

图7 让卢·谢弗（Jeanloup Sieff），《黑色紧身胸衣》（*Black Corset*），1962年

这么看来，人到底为什么会通过穿着打扮来装饰自己呢？人们为什么又会对自己本来的身体感到不满，进而需要通过不同的加工和变形呢？而对身体的加工和变形到底又有哪些不同的方式呢？

译者注——

3.阿诺德·范·根纳普（Arnold van Gennep）：1873~1957，法国著名人类学家、民俗学家。他在《通过仪礼》（*Les Rites de passage*）一书中首先提出了"分离—边缘—聚合"的"通过仪礼"。通过仪礼，又称人生仪礼。在人一生中经历的几个生活阶段中，其社会属性随之确立。在进入各个阶段时，会有一些特定仪礼作为标志，以获得社会的承认和评价。

服装的功能性

通常人们都会认为，穿着打扮一是为了保护身体，二是为了让自己看起来更美。衣服能在寒冷和炎热的天气里，对皮肤起到保护的作用；鞋子能保护脚不受大地的伤害。

可是如果仔细看看服装和鞋子的构造，就能明白它们的作用远远不止保护身体这么简单。拿鞋子来说吧，最容易理解的莫过于女性的高跟鞋。高跟鞋的造型完全无视人脚的构造，头部呈尖锐的纺锤形，脚跟是一根又细又长的棒子，穿起来既压迫指尖，又让人无法保持平衡。在生下来的时候我们的脚趾呈放射状展开，但是由于长期穿着纺锤形的鞋子，脚趾慢慢会被挤在一起而变形。特别是小脚指头，会渐渐由圆柱形变成圆锥形。因为高跟鞋的鞋跟特别高，穿上它走起路来特别困难。有时候我在想，高跟鞋是不是专门为了欺负脚，为了不让人好好走路而发明的。可是让人这么痛苦的高跟鞋，却是很多人儿时就有的憧憬。

再比如说束身型内衣吧。在19世纪的欧洲，束身型内衣曾经非常流行。它让人几乎无法呼吸，阻碍血液循环，但是那个时候的女性们却是乐此不疲，相互之间竞争着谁的腰围细。到了20世纪，服装的设计让女性的身体从束身型内衣中得到解放，可是一直到现在这种流行都不见停止，甚至还有回归的趋势。还有，为什么即使炎热的夏天女性也要穿着丝袜；男性的领带到底起一个什么作用；为什么西裤上会有画线……像这样的疑问数也数不清。

高跟鞋、束身内衣、不疼一下就无法装戴的耳环，我们身上穿戴的很多东西既不是以保护身体为目的，也不是都具有功能性，有时候甚至是不合理的。贴身厚实的衣服可以吸汗，可是为什么女性的服装大多都是薄到透明呢？为了让胸部看起来更挺拔而穿上的调整型内衣，它的样子看起来

图8 阿尼斯·波诺（Agnès Bonneau），《迷恋》（*Fetish*），1986年

却那么奇怪。而说起来，为什么女性总是需要隐藏自己的胸部或是性器官呢？我想没有人能够马上回答这些问题吧。

所以保护身体这个作用并不能完全解释服饰的存在。衣服和鞋子并不是为了配合身体而做，穿衣打扮也不是一个为了创造符合身体模特的过程，而是身体为了配合这个被创造的模特的过程。

身体的加工

身体的模特总是优先于身体本身而存在。放在时尚里来看，被当作对象的往往是身体的模特而不是身体。如果我们的身体能和模特的身体一模一样的话，也就不会再有任何的不满，也不需要咬紧牙关地做出各种努力。正是因为大家把这个并不实际存在的"模特"当作标准，开始衡量自己的身体，才会产生各种不满，进而有想要改变的愿望。可是想要瞬间拿掉赘肉，或是转眼间变成高个儿，这都是不可能的事。于是出现了束身内衣、高跟鞋、化妆品、纹身等这些用于改变我们身体的工具。

我们竭尽全力想要摆脱重力，让胸部和臀部高傲挺拔；我们想方设法地让腰围纤细、胸围丰满；或是在身体的各个地方涂上颜色；又或是挂上各种各样不同的小物件当作饰品……我们尝试着各种方法在身体的表面做文章，让它显得更热闹一些，试图让它看起来更吸引人一些。

那说起来，我们到底是以什么样的标准来改变我们的身体的呢？为什么我们对自己现有的身体无法感到满足，为什么我们总想要以另外一个身体出现在人面前，为什么我们总渴望对自己身体的一些地方进行改变……这些问题我想应该永远都无法找到一个确切的答案。

藏起来的是什么

之前说到的象征性身体切割中，有一种"隐藏"的手法，即用服饰遮盖身体表面的一部分。

在不同的文化中，需要被遮住的身体部位也大不相同，有时候甚至完全相反。而需要藏起来的部位，多数时候都是被"客观"地认为让人感到羞耻的地方。

对于这个话题，我有一个特别极端却很有意思的例子。在意大利北部有一座修道院，里面的厕所既没有门也没有隔间。有趣的是，在出口处却挂着很多面具，意在让人们上厕所的时候戴上。他们认为只要把脸遮住，被人看到拉撒

图9 人在出生时身体上就没有让人羞耻的地方吗？
（伯纳德·鲁道夫斯基（Bernard Rudofsky），
《不时尚的人体》（*The Unfashionable Human Body*））

也没关系。也就是说，只要把自己的身份模糊化，任何行为都能被允许。戴上面具，就像是变装了一样，让人感觉好像能做平常不能做的事，甚至能做到平常做不到的事。这样的"过度自由"也难免让人产生恐惧。听说在英国的某个镇子，遮住脸在路上走就是犯罪。可是，我们为什么要几近歇斯底里地去隐藏自己的身体呢？

就身体本身而言，其实并没有任何一个地方应该令人感到羞耻的。对于一些部位，人们总刻意地给予神秘的解释，于是产生了让人"羞耻"这个感觉。在我们这个社会中，总是精妙而又慎重地避开任何与性或生殖相关的话题，简直是一种莫须有。如果说被藏起来的身体部位本身并不该让人感到羞耻，那么"隐藏"这个服饰技巧，藏住的恐怕是比身体部位更重要的东西吧。

『其实
没有什么
好藏的』

法国的思想家罗兰·巴特（Roland Barthes）说过这样一件有趣的事：高中男生、脱衣舞观众、推理小说迷和哲学家，他们都有着相同的人生。高中男生时刻都在梦想着有一天能亲眼目睹异性的身体；爱好脱衣舞的人渴望看见异性的私处；推理最大的乐趣在于最后所有的谜团都会被解开；而哲学家最终的梦想就是能够知道这个世界最终的真理。他们都希望能够将眼前所见的事物一层一层地剥开，最后找到真相。而在这个过程中，他们各自深陷其中不能自拔。

可是有的时候，真相大白，却发现所谓的真相原来是个特别没有意义的东西。与其说它个中藏着真理，不如说它只是让人有一种里面藏着奥秘的感觉。如果真相一开始就出现的话，很多事情就没有意义了。就好像当年刚开始推出全裸写真集的时候，许多男性的激情却骤减，多多少少是出于这个道理。它的重点在于要吊足人的胃口，让人一直有这种感觉，这种"就快结束啰""真相就要大白啰""你马上就要得到真理啰"的感觉。

而对人来说，最终的真理到底是什么？我们活着的理由，也就是说，自己和自己的关系，自己和他人有秩序的关系（如亲人、邻居、朋友等），都不是偶然或是一瞬之间的事，它们都有着真凭实据。可是这种事情真的存在吗？或者说我们自己能在其中看清这些秩序和证据吗？

我觉得应该不可能。正是因为不可能，有的时候我们才能通过制定缜密的战略，以支开意识到别的地方去来逃避问题。如果真的想要隐藏需要被隐藏的东西，只需要在那儿凭空捏造出另一个东西，然后把人的意识往那个上面引导就行了。这一点在时尚中就得到了巧妙的运用。

比如说自己身上隐秘的部分（其实这本身也是衣服捏造出来的感觉），特别无法在人前展露出来的部分，把这些部分设想成需要被遮起来的部分，来使用这样一个"引导意识"的方法做文章。为了增加期待感，可以加上多层的衬裙、开衩、褶皱和花边，以加深诱惑力。在衣服上加上直线的条纹也能更好地展现身体的线条。这么一来，虽然掩着却能看见，虽然能看见但却不能真的看见。这种精妙的手法诱导着我们的想象力，让意识完全不会往"需要被遮住的地方"去，达到一个长期而持久的吊人胃口的状态。

其实衣服真正想要隐藏的是"其实没有什么好藏的"这么一件事，这就是"隐藏"这件事情的精髓。维拉·兰朵夫（Vera Lehndorff）[4] 和霍格尔·特吕尔兹胥（Holger Trülzsch）[5] 合作的《脱衣舞》(Striptease) 里的照片就很好地通过时尚语言解释了这件事。

这其实和催眠的技法也有些相似。被催眠的人意识只会集中在催眠师身上，除此之外的事情对他来说都是没有感觉的。并且在这个过程中，意识里无防备的部分被放大了，

图10　维拉·兰朵夫和霍格尔·特吕尔兹胥,《脱衣舞》(*Striptease*), 1971年

也就更容易获取信息。所以被催眠的人往往都是在自己没有意识到的情况下往自己完全没有想过的方向移动。而之前提到的秩序和证据就是存在于我们意识的最深处。

面具的秘密

之前说到了修道院厕所里的面具，这让我想到了关于面具的一些事情。

戴上面具就能隐藏自己。面具是一个能让自己匿名化的装置，也就是说它能从我们的脸上把"我是谁"这个信息完全抹去。不同于服装可以做到具体地展现人的各种属性（性别、性格、职业等），而面具却能在瞬间消除"谁"这个信息。"谁"这个信息一旦模糊，就好像行动的限制被解除了一样，仿佛就可以做很多平常不能做的事。之前提到的修道院厕所就是利用了这个特性。

戴上面具就能干任何事。之前一直想干的事，之前想都没想过的事。脸一被遮住，其传情达意的功能立马就被归零。仿佛什么都成为可能，就好像本来不可能的事情突然多了一个选择项。之前也有说过在英国的某个地方，遮住脸上街就是犯罪。我想也是因为把脸遮住这个行为好像给了人一种无形的特权，从而让人不安。面具让人感到不安的地方，也许就是它能在瞬间把人带到"比我出生时感觉更远的地方，比所有的可能还要可能的地方"（九鬼周造[6]《"粹"的构造》）。在安部公房[7]的小说中大多数对秩序产生威胁的人，也都是消除了"谁"这个信息的人：用绷带缠住自己的脸勾引自己妻子的男人（《他人的脸》）；在纸箱里生活的男人（《箱男》），等等。

衣服在一个层面上构成了个人的社会属性（也就是"谁"这个信息）。另一方面，有的衣服也将衣服本身这个"构成"的功能暴露出来。比如说在街头时尚中有一种特意将自己打扮得凌乱邋遢的风格；或是完全改变了时尚语言的先锋派（Avant-garde）设计等。如果说得直接一点，就是说有顺应制度的服装，也有挑衅制度的服装。而接下来我想仔细谈谈这服装的两面性。

译者注——

6.九鬼周造：1888~1941，日本著名的哲学家，曾受教于黑格尔门下。他的《"粹"的构造》是分析日本文化结构和特质的名著。

7.安部公房：1948~1993，日本小说家、剧作家。

2.

不好看

的衣服

社会的皮肤

人是从什么时候开始穿衣服的呢

人是从什么时候开始穿衣服的呢？我想一定不是一生下来的时候。虽说我们一生下来就被布团裹住，这和自己穿衣服是两码事。直到意识开始萌芽，开始会在意自己在别人眼中的样子，开始在意别人的眼光的时候，我们才会开始自己选择将衣服穿上。这也是时尚的开端。而这个时期的开始就是所谓的"青春期"。人们都说现在的儿童服装也很时尚，其实那只是父母的意识在孩子身上的体现，没有多大意义。在青春期以前的儿童就好像是换装人偶一样，穿着"孩子"这件制服，并不能真正感受到时尚的快乐。

所以真正的"穿衣服"，是把拿到的衣服故意弄得不整齐然后套在身上的这个过程。我想在日本的话，最初的时尚应该就是变形的学生制服。

可是变形是如何发展成时尚的呢？

我们自己到底是怎样的一个存在，没有任何人能够马上说得清楚。他和我有什么不同？为什么他能做到的事我却不行？为什么他什么事都能轻松地解决我却不可以？为什么他干的任何事都看起来那么有趣而我总是这么无聊？为什么他那么受欢迎却没人想理我？怎么想也想不清楚，觉得没意思，感到闷闷不乐好像无法继续活下去……我想这样的感觉很多人都有过，却没有人知道这到底应该怪在谁头上。这些时候往往都只知索然无味的感觉，却不知闷闷不乐的原因。

夸张一点说，这种心情有悖于时代的发展风气，在不知道原因的情况下，所有的东西都通过心情、动作等表面的东西表现出来。

"法国文化"学者多田道太郎[8]曾把年轻人的这种不知道自己想干什么的风气比作小孩子的撒娇。多田先生虽然已经超过70岁了，可是依然有一颗年轻的心，总是有一些特别独到的观点。他说，年轻人的奇怪打扮就好像小孩在哭一样。"在路上有些女性会有一些几近奇葩的打扮，我想那和哭一样，都是在试图进行一些不合理的主张。"而时尚正是作为社会的皮肤，"让深藏于暗处的东西一点一点浮上表面"。

译者注——
8.多田道太郎：毕业于京都大学法国文学专业，日本文化学者。

破坏

时尚的开始

之前我们谈到了服装的两面性。大体上说，服装是个人形象中社会规范（行动模式、性别、性格、道德等）的体现。可是这样的规范穿在身上肯定不舒服，出于反抗所以我们开始随性地乱穿。我们通过身体去确认，怎样穿会受到别人的关注，而怎样穿会招来异样的眼光。可是这并不是为了反抗而反抗，这只是自己在寻找自己身份途中的必经之路罢了。而这个过程一定是在我们的潜意识中进行的。我们在时尚的冒险中，不停尝试，不停犯错，在自己的身上进行各种意义上的社会制度重组。这么说来，时尚这个在身体表面上进行的游戏，这个社会性的皮肤，就是我们找寻自己的一个过程。

我们像这样故意不修边幅，穿着不合身的衣服，破坏着原有的形体，意识却变得更加清晰——这种破坏渐渐地融入我们的意识，变得越来越严肃起来。时尚的道路是多么曲折啊！

这种不修边幅的样子有时候也许会被认为是"不良"行为，其实让人这么做的原因，我们真正不喜欢的，是"合身"这个概念。不是过于谦虚，也不是心胸狭窄，只是"合身"这个说法看起来就像是个谎言。即使"合身"，我们又从何而知自己到底是个什么大小？"合身"只是为了让大多数人产生共鸣而发明的概念罢了。我们每个人，就像得到礼物摇晃着盒子猜里面的东西一样，我们尝试穿着不同的衣服"摇晃"自己的形象，直到找到自己为止。年轻的时候喜欢穿不合身的衣服，也许只是迷恋于创造一个和自己不一致的形象而已吧。

『非风』

时尚的前端

前段时间因为电视台采访工作的关系，借机拜访了山本耀司。山本耀司是Yohji Yamamoto和Y's品牌的设计师。他的衣服让人无法联想到这个社会上任何一种人的类型。既不像白领又不像艺术家，既不像记者又不像学生，既不像老人也不像年轻人，让人完全无法定义。他设计的衣服，是拒绝被归到任何一个类别、抽象的衣服。时装的制度规定着根据季节更迭不停变换的流行。而山本耀司自己投入时装行业这个行为本身，成为时装制度的"共犯"，就已经是对这个制度的一种反抗。他说他一直以来都在做奇怪的衣服。泡沫经济破灭之后，他也表示过"时装这个东西我不玩了，还有更多比它重要的东西……"，这也是他"时装解体理论"的证据。而正是在那个时期，街头开始出现了许多打扮"邋遢"的年轻人，这就是"反时装（Anti-Mode）"的开端。只是对于山本耀司来说，那个时期其实是非常困难的。那种"无所谓"的感觉，那种心累了的感觉，让人没有办法，就好像一直高瞻远瞩到力不从心，只能静下来看看临近的窗檐。

在日本能剧中有"非风"这样一个说法，指的是不正确的形体。在我看来，山本耀司能够精妙地结合服装根本的基础和难以控制的"非风"，是一位天才设计师。他非常理解每个时代的"制服"，并且用自己的方法将其不留情面地破坏，走在最前端。

有意思的是，山本耀司本来的初衷是通过破坏做出"不是衣服的衣服"。可是在十几岁的年轻人眼中，这些衣服却被当作传统的服装看待，所以他们穿起来的时候，又经过第二次"破坏"，衣服好像都变成破布一样，不免让人产生困惑。

维姆·文德斯（Wim Wenders）拍摄过一部关于山本耀司工作的电影，名叫《都市时装速记》（*Notebook on Cites and Clothes*）。其中，山本耀司用安静慈爱的眼神看着年轻的工作人员，给他们讲解设计图，告诉他们如何正确地剪裁。那是我个人在这部电影中最喜欢的一幕。而生活中的山本耀司也是这样，在大量的曝光下也不会收起笑脸，不会因此就把自己过度地隐藏起来，总是特别温柔耐心。在采访时他说了这样的话，虽然最后电视台没有剪辑进去，但是我特别想在这里分享出来：

"年轻的时候，我总想着我不要和大人们穿成一个样，我要打破平衡，总是故意穿得比较邋遢。学生时代开始我就这么固执地反抗着，开始工作的时候这种想法已经像常识一样深植在我的心底了……

但是真的是这个样子吗？

选择一件衣服就等于选择了一种生活，这说起来是一件很严肃的事情。而对于学生时代的我那只是一场游戏吗？如

图11 《都市时装速记》中的山本耀司，维姆·文德斯导演

果真的是这样，那岂不是就像孩子们的游戏一样，永远都无法提起一口气拼命努力吗？

选择一套服装，就是向社会表达自己的意识。如果每个人都剪那样的头发，梳那样的偏分，穿那样的衬衣，系那样的领带，好像是放弃了过去的一个选择一样，我只能说太遗憾了。可是偏偏社会上就是有人一直这么想，而这么多的人又生活在这样的想法之中，对于我来说这个对手太真实、太强大了，所以有时候我想，真的算了吧！

另一方面，对服装了解不多的人来说，西服是一个非常成功的服装，任何人穿起来都不会太难看。正是因为这样，我才一定想要让它的正面和负面都暴露出来让人看到。可是我拼了这快二十年的命好像现状也没有得到什么改变，这个想法在我脑中总是挥之不去……"

山本耀司长久以来在公共场合露面不多，也没有做过什么宣传，他很看重自己所说的"身体的决定"，并身体力行地在暗中支持着男男女女们的"决定"。他想给他们做出一件衣服，当他们看见这件衣服的时候能够想，"你看，这件衣服在这里等我呢"。而如此热爱衣服的山本耀司，现在却有一种力不从心的心情，我觉得有点难过。

对时代的批评意识

设计师的工作

时装设计师的工作一般应该是回应人们想让自己看起来更美的人的愿望。可是在我们这个时代中，像山本耀司这样把"歪曲"的意识融入服装之中的设计师也是存在的。"歪曲"听起来带有贬义，说的其实是和时代的距离感这件事。优秀的设计师一定会将自己对所在时代、主流观念的批评意识，像同时代的记者一样，带入自己的服装之中。为一位日本先锋设计师提供面料的面料设计师曾表示，在制作新的面料的时候，他一般都会仔细地读报，让人在新的面料上能感受到每一个细微的时代痕迹。

不仅对时代要有批评意识，我们这个时代的服装设计师更要把时装的自我意识融入时装之中。优雅对我们来说真的很重要吗？为什么时装总是强迫症一般地在每一季更换流行？性的表现由谁来决定？我们一定要一辈子非做同一个人不可吗？只要是一个优秀的时装设计师，就会将类似这样的问题带入到自己的服装之中。

所以现在要做一名开拓全新地平线的设计师，首先要是一位追寻人穿衣服根本原因的哲学家，也要是一位无情地对时代敏锐批判的记者，还要是一位意气风发，仿佛不知喜怒哀愁却懂得绝望与爱恋的男公关，更要是一位精明的商人。这种高标准、严要求的工作，除了山本耀司之外，三宅一生（Issey Miyake）、川久保玲（COMME des GARÇONS）等"前卫派"的设计师们也一直在做。而山本耀司所说的话，也和"前卫派"的"反时装"有关。下面就让我们来深入谈谈这个问题。

关于『制服』

这里我们来谈谈"时代的制服"和对此抱有怀疑态度、甚至破坏它们的服装之间的关系。

首先，制服是人们参加仪式，或者竞技运动，以及在从事劳动和教育工作时所穿的衣服。每年春天的入学、入职仪式，人们穿着崭新的制服，带着紧张而激动的心情奔向新的校园、职场。崭新的制服让人有一种一切归零、从新开始的感觉（纵使人生想要从零开始基本上是不可能的事），所以人们常说"闪闪发光的新生"。它完美地体现出仪式的形式感，也营造出一种严肃紧张的气氛。葬礼、开工仪式、结婚典礼的时候僧侣或是神官的装束；参加仪式的人们所穿的正装；以及非仪式用的如警察、保安、司机等和市民安全相关的制服；竞技体育的运动服等，都能起到让人精神紧张、集中注意力的作用。

制服表面上给人带来一种顺从的感觉，可是另一方面却又唤起人想要凌辱这种顺从的冲动。对于制服诱惑（变装、学生服等）的迷恋屡见不鲜，不难看出像制服这样规律性越高的东西，越能诱惑出强大的欲望。

所以说制服通过其外表的组成能够起到束缚和控制精神的作用。如果把制服的范围放大一些，像白领们所穿的套装也是具有同样的作用，利用相同的形态、相似的色调等明确地表示相应的所属集团或者特定的职业种类。如果把这种"类制服"也算在内的话，想找到不是制服的衣服好像就变得非常困难了。

想到制服的束缚性，它是给人带来深深诱惑的装置；想到它让我们的固执己见得到缓解，它又是极具凝聚力的装置。制服它这奇怪的秘密到底来自哪里呢？

我想关键在于制服野蛮地把结果直接展现在人面前，而将人的"存在"归零成一种"属性"。

『奢侈就是敌人』

制服可以说是"不自由"的代名词，无处不体现着规章制度的约束、同一性与个性的缺失。在通过穿着打扮想要找到自己的身份时，首先该做的就是反抗制服。

在提起制服的这一面的时候，我脑中总是想到金子光晴[9]名为《樱花》的诗。这首诗写在战时女性运动者们宣传"奢侈就是敌人！"的口号，开展"自肃（自我节约、克制）运动"开始的时候。她们特别指出"自肃"的对象是女性，不是男性。在1940年《奢侈品制造贩卖限制规定》（商工、农林两省共同发令）出台后，虽然法律上并没有明确禁止奢侈品的使用，女性运动团体的成员们却开始宣扬禁止使用奢侈品，并且在街头开展"批评与检查运动"。除了"自肃"华美的服装之外，婚礼、葬礼时的酒席也被要求一切从简；减少烟酒，连便当也要变得朴素；时刻都要节约用电，等等。她们甚至还上街进行揭发城市里浪费水电的"街头浪费检举日"活动。

值得一提的是，在此期间被禁止的服饰有：超过三种颜色的衣服、带有大花纹的衣服、披肩、羽织[10]、高价的带留[11]、胸针、手袋、发饰、过高的高跟鞋、任何金色的饰品，等等。被禁止的妆发则有：眼影、指甲油、烫发、口红以及鲜艳的腮红等。

现在的《学生手册》里已经不会写着各种明确的着装规定了吧。像裙摆必须长于衬裙10公分这种令人无法理解的规定，老师在公共场所（教室等）穿针织衫被认为没有礼貌这样的想法，以及对塑胶凉鞋等"时装鞋履"的禁止（这种没有"紧张感"的装束会破坏学习的气氛，让人没有办法投身学业）等都载于当年的《学生手册》之中。我的一个朋友在某个星期天"父亲参观日"特地穿着平常不会穿的西服、系着领带去学校，在教室里却看到老师穿着针织衫授课，简直不敢相信自己的眼睛。

话有点扯远了。在那之后，女权运动者们还成立了"女子挺身队"，"消除奢侈"的监视运动逐渐升级。她们在街头派发写着"弃华服，扔戒指"的警告传单（东京市内各大女性团体）。如果在街上看见穿着华丽、烫发、画红唇、戴披肩等的女性，她们立马就会对她展开围攻。虽然表面上这是一项"自发"的运动，其中不乏混着大肆指责辱骂他人快感的暴力。而那些本来最不时尚的人终于有了机会发起反攻，不难想象她们是如何歇斯底里地使用着这种暴力。

译者注——

9.金子光晴：1895~1975，日本诗人。

10.羽织：穿在长和服外面的短外挂，通常翻领，在胸部系带。

11.带留：在和服腰带绳上的别针。

『莫穿脏了的裤子』

金子光晴在写《樱花》这首诗的时候，因为战争，那时的女性们就像被雨打落的樱花一样，被推上"军神之母，炮后之妻"这样的位置。而在这样的时候，金子光晴带着"带上家人／有一天为了他们贩卖自己的身体／有一天为了爱全身而退／不知何为放弃"的心情，向着"被践踏的樱花／化作泥土的樱花"一般的女性，作出了这首诗：

樱花啊樱花，

你不要被骗了。

不知明天在何处的樱花啊，

即使忘了，

也莫随俗沉浮，

莫做贞洁烈女。

即使凋零，

也不要忘记，

作为女人的骄傲，

作为女人的快乐。

莫去扶起梯子，

莫去提起水桶，

莫穿脏了的裤子。

打着"自肃"旗号的自我检查、相互监视的运动，在开始像丝绵温柔地将人包裹，逐渐感到缺氧，最后窒息而死。而那之前因为昭和天皇卧病在床，在全国也一齐展开了"自肃"（严禁歌舞升平）；在海湾战争时期也曾有过反对海外旅行的"自肃"。在那个年代的日本，整个国家完全被这种肆无忌惮的自虐性心理状态淹没。而一旦放任这种倾向，人们就更加猖狂，只要是不顺从的人都会受到各种各样的攻击。这一点在"奢侈就是敌人！"的运动中得以完全的体现。

可是即使在这样的环境里，我们也不该成为被"驯服"的、被给予"相应身份"的人。我们决不能钻进一个被制定好的皮囊里就安心地高枕无忧，而是应该尽全力去撕烂这个虚伪的皮囊。我们本身不完美的存在，才是我们作为人的特权。自己的不完美，并不意味着我们要努力让自己变得完美，它意味着我们有更多的空间可以去尝试，去玩耍，去体验，去重新排列组合。像九鬼周造在他潇洒的随笔集中写的一样，我们一定不能成为一个被制定好的自己，而是时刻都要做好准备，走向一个"离出生时的自己特别遥远，充满无限可能性的地方"。

所以在存在的表面（身体）之上，我们一定要保有张力。在自身的表面上保有最大的张力，这就是时尚的原则。当你感到需要成为优等生、模范生的压力的时候，换句话说，就是你不知道为什么，却总觉得自己不够好的时候，就是准备好要把自己底朝天地全部废弃重头再来的时候，就是把"合身"和"相应身份"这样的观念全部抛开的时候。那些连来源都不得而知的想法，我们应该勇敢地无视，挺起胸膛，享受自己的不完美，利用自己的灵活性。即使错了，也"莫穿脏了的裤子"。我想这就是金子光晴想要给我们传达的信息吧。

制 自
服 由
的

这么说来，抵抗才是"正确的"。作为"自由"的象征，只能被理解为制服一方面的意义。大约在1789年法国大革命的10年前，人们开始要求服装上的民主化、平等化。在旧制度[12]这个极度阶级化的法国社会里，贵族阶级的服饰被他们当作现实权利和威严的记号，在服装的各种细节上都做了严格的规定。而在大革命爆发前夕，贵族阶级们也仍不放弃地拼命维持他们的地位。

"对于大革命前夕的贵族阶级来说，通过实行保护主义的措施，以维持他们独有的奢华生活以及明显的社会阶级差异成了当务之急。通过规定剪裁、面料、染色等，他们努力维护代表自己权利的服装上的标志（刺绣、装饰纽扣、内衬、毛皮、羽毛、花边、贵重金属、高价染料，等等），试图以此来展现自己权利的正当性，为自己的行为正名、镶金。"

菲利浦·佩洛特（Philippe Perrot）《服装的考古学》（*Les dessus et les dessous de la bourgeoisie: Une histoire du vetement au xixe siècle*）

区别于贵族阶级的华美服饰，新兴资产阶级（Bourgeoisie）则注重将"认真、努力、勤劳、节约、自制"的品质在服饰上可视化。为了反抗贵族阶级的无为与奢侈，他们的衣服大多都是单色。我想这应该是西方服装史上第一次有组织的Dress-down（故意穿着随便）吧。在20世纪60年代之后，随着嬉皮运动的发展，Dress-down的风潮又一次降临服装史，并从此成为一种风格存在于时尚之中。

就这样，在大革命进行的同时，可以被称为"市民制服"的那种稍显土气的装扮渐渐成为男性的标准打扮。之后出现的长礼服（Frock coat）也是时尚男士的必备。到大约19世纪20年代的时候出现了西装外套（Lounge suit），也就是我们今天西服的原型。

可是这种"市民风"的衣服在当时大多只在男性市民中流行，在这种质朴的美学背后，又隐藏着一种"代理消费"，也就是对奢侈欲望的另一种形态。关于这个话题菲利浦·佩洛特在书中写道：

"大革命让男性的服饰从奢华与过度装饰中解放，而女性却将花边、宝石等拿过来放在了自己身上。虽然在表面上看似废除了的贵族传统，之后却在女性的身上以另一个方式展现出来。所以，在那之后的女性等于是一人独占了两个人的奢华，但也背上了浪费家的骂名。"

译者注——

12.旧制度（Ancien régime）：是指法国历史上从文艺复兴末期开始到大革命为止的这段时期，大约在15至18世纪之间。

不自由的制服

带着"自由"记号的"市民制服"将所有的市民，无论其出身的阶级及各种差别，拉回到同一个起跑线上。它将装饰和装饰所代表的意义尽可能地全部解除。可是这一点在现在经常被我们忘记。

我们这个时代的各种制服，如校服、西服等，一下子让时光倒退，个性、自由与自立完全丧失，人们的身心由外到内变成了整齐划一的银灰色。现在来看，这种差异的消除其实对个人来说是有着一定负面作用的。

换句话说，它消除阶级、职业、出生等差异，压迫个人的自我意识，暧昧个人的独特性，将人平板化，关在一个固定的观念里，最终实现统一化。制服在这个层面上就是一个特别负面的东西了。所以在学校、职场等经常能够听见有关这象征着"不自由"的制服的抗议。

隐居的制服

我想需要穿制服的人时刻都想快点脱下制服。在公司上班的白领每天都数着秒针想着什么时候下班，最高学年的学生也总会看着日历想着什么时候终于会毕业。可是在此之外，制服却有一个让人意想不到、令人感到舒服的作用。

在这本书的开头我提到过，我们无法看到自己全部的身体，只能靠自己的想象去琢磨。我们就像得到礼物时摇着盒子想确定里面的内容一样，我们也不停地摇晃着自己的形象，对自己的外在进行各种加工、各种尝试，了解自己能做什么和不能做什么。而由于附着社会给予的明确个人形象，穿上制服就等于跳过了这个过程。如果太自由了，服装的选择过多，多到没有边界，反而越来越难找到自己。而制服为我们省去了这些冗杂的选择，让人倍感轻松。就好像有时候我们有特别喜欢的品牌，觉得他们的东西特别适合自己，所以每一季都会开心地去挑选自己喜爱的衣服。（自由的着装让人每天需要考虑自己穿什么，渐渐地锻炼出一种时尚的感觉。而长期穿着制服与之完全相反，关于穿着打扮的训练基本为零，一旦有一天不用穿制服了，麻烦就来了。）

如果这么说，制服也是能让人感觉不错的。比如说很多小女孩会向往漂亮的制服；还有更夸张的女生会因为学校的制服好看而报考那所高中。而在这其中不仅只是一种"那件衣服好漂亮"的想法，同时，拒绝成为"成熟女人"的心情也起了作用，而通过制服表达和别的学校之间微妙的差异更让她们乐在其中。

而在另一方面，也有学生会把制服看作是一种由学校配发的如同囚犯服一样的服装，试图强行控制学生的工具。所以他们会在制服的细部进行彻底的改造甚至破坏，以此来抵抗。这种抵抗的情绪，这种拒绝效颦大人的态度，这种被当作"不良族群"的行为方式，我想都应该或深或浅地藏于每个人的心底吧。

这里我想抛开顺从与抵抗的关系，从另一个角度谈谈制服。

我们每个人只要是有想抛头露面的时候，就会有想逃避他人视线把自己藏起来的时候。而在想把自己藏起来的时候，制服就成了最棒的道具。它瞬间让人无法辨认出我们是谁，让我们作为"匿名"的人，隐居于众人之间。

在20世纪80年代的日本，设计师服饰曾经非常流行。在那个时候每个人都争先恐后地试图表现出自己与众不同的品位。用今天地铁里时尚广告牌上风格的话说，就是"一定要有个性哟""一定要活得像你自己哟"这种几近强迫症的观念。人们想着"如果我此刻在别处，我肯定不会是这个样子，我肯定有更多别的可能性"，并在其驱使之下，人们开始了各自"找自己"的游戏。这是20世纪80年代日本文化的重要一环，可以说是那个年代的"时尚狂想曲"。人们试图挖掘自己的可能性，试图找到一个自己都不认识的自己。那种疯狂的程度就像一种"强迫症"一样，可以说是那个时代"青鸟"的故事。而在这个过程中人们会渐渐感到疲累，我想这就是我们今天这个时代的氛围吧。

『身份』这个框架

在我多年前看过维姆·文德斯导演的《都市时装速记》中有这么一段独白，我觉得特别像我们现代人的揶揄：

你不管在哪里，做着什么样的工作，说着什么样的话，吃什么，穿什么，看见什么，过什么样的生活，你就是你。"身份"——一个人、一件物品、一个地方的"身份"。光是这个词就足以让我颤抖。它让人觉得冷静、舒适、安心，可是"身份"到底是什么？是你存在的地方？是你存在的价值？还是你存在的本身？而你又如何意识到"身份"？我们总为自己创造一个形象，然后努力地去接近这个形象。我们自己本身和自己形象的一致性，这就是"身份"吗？

我想在这里，文德斯是想告诉大家去脱离"变得更像自己"的这种愿望（或个性化信仰）吧。我们难道就不能不被"自己"这个意识困住，在他人面前不加防备吗？让身体陷入"自己"意识这个过程真的是必要的吗？我们本身又不属于谁，为什么非要追求个性化不可呢？

我们无意中选择的衣服，其背后到底有什么意义？想到这个问题，我就联想起文德斯的这席话。比起为自己"身份"量身定做的衣服，我更喜欢给予"身份"适度宽松空间的衣服。也许我们在制服身上也有着同样的期待。穿着制服，人存在的社会属性随之被还原，人也不需要再展现自己完全的"身份"。给予人宽松空间的衣服，也就是能藏住一些东西的衣服。虽然有时我们认为现在的制服带来人格的拘束和无聊的划一性，可是它也许能带来一种"自然体"的隶属感。我认为这么想也不错。

古怪的衣服

制服能藏住一些东西，所以穿上制服的我们就成为了一定程度上可疑的人。人们常常会抗拒制服带来的拘束感，但是试想我们平日所穿的衣服，有像大妈的衣服，像白领的衣服，像老人的衣服，这么说来什么样的衣服都成了制服。即使是变形了的校服，由于一些明显的特征，虽然带着抵抗的味道，说到底还是校服。这真是一个说不清的问题啊。

由于能将人存在的社会属性还原，制服在一定程度上是一个"疏远"的装置，可以瞬间让人从存在所"必须"的"身份"这个框架中解放。

我记得很久以前的某个深夜，打开电视机看到一个特别奇怪的节目。差不多凌晨2点开始，持续两个多小时，他们请来不同公司的女白领来展示自己的制服。来自各大公司的女孩们，穿着各自的制服，在公园来展开一场"素人时装秀"。我记得当时自己也不知道为什么，看着看着就大笑起来。如果说哪里奇怪，应该是来自于穿着制服女性的不平衡感吧。土气的颜色让她们的身体变得特别奇怪。并不是说制服不合身，只是好像她们每个人都有一种身体被衣服困住了的感觉。那种奇怪的感觉我至今都还记得。

我们本身是根本不能忍受这种奇怪感觉的。我们会细细地去感受，然后拼命地从中逃开，这就是时尚的冒险。奇葩的造型也好，将自己完全包裹起来也好，都是因为无法忍受这种奇怪的感觉。而像突出的造型、不合身的衣服等这样的街头时尚中，这种"无法忍受"又是怎样表现的呢？接下来让我们具体谈谈这个话题。

3.

不平衡

的存在

摇摇晃晃的衣服

虽然在一个层面上，任何衣服都是制服，但是根据穿法的不同，常常会发生打破服装文法的事情。以此我们同社会用来框住人们的各种规范进行磨合与"战斗"。"战斗"？对，我们在我们的皮肤上同每个人都共有的既定观念和规范"战斗"，丰富多样的生活就从这里展开。而时尚就是从我们打破穿衣规则，摇晃自己的形象而开始。而接下来我想向大家介绍一下现在十几岁的年轻人是怎么打破常规穿衣服的。然后想谈谈在街头一个人的穿衣方法是如何同时尚的前端紧密相连的。时尚的起点与终点在任何时候都是连在一起，前端的时装设计也一定是从"为什么要穿衣服"这个问题出发。这是我个人对于时尚的观点，而接下来我也想更详细地阐述这个观点。

在街头经常能看到背着双肩包，穿着开高叉的长裙，脚踩工装靴的女孩子们。这种打扮在从中学生到二十岁后半段的女孩中特别流行。她们总是这样大摇大摆地走在街上。而有趣的是，在阪神大地震之后，需要通过一些危险地区的爷爷、奶奶们的基本服装就是双肩包加扎实的鞋子。

如果仔细看看就会发现，这些年轻女孩子们的衣服都有一个共同特征：毛衣或外套的袖子都特别长。这里说的长不是说袖子盖住半只手的长，而是长到连指甲都看不见，有的甚至能长过指尖10至15厘米。有时候看上去就好像是两只手臂挂在身体上一样。我甚至还见过像和服一样，走起路来能听见嗖嗖声这么大袖口的毛衣。这种打扮总给人一种摆弄风情、扭扭捏捏、磨磨蹭蹭的感觉。

在两年前COMME des GARÇONS的系列里，我看到了这种风格更加极端化的衣服。有不用手托着就会掉下来的衣服，有下摆散开的裙子，有像包裹一样将上半身连手腕都

图12　COMME des GARÇONS Homme Plus，
1994~1995秋冬系列

包起来的衣服……还有一件衣服的袖子比平常多出30厘米，模特在摇摇晃晃的伸展台上走得特别小心。

以前人们穿着和服，有时候把手缩到袖子里，拿袖子挡住脸。这种把身体藏在和服里的做法和在人前害羞躲到父母背后的小孩是一样的道理。因为露出皮肤而感到害羞，所以隐藏起来有一种被保护的安心感。而现在这种过长的袖子，也许原本的理由很单纯。可能是因为冬天比较冷，袖子长了可以当手套用；也可能是因为反正现在到处都是自动门，需要用到手的地方越来越少了，不露出手也没关系。

说到这里，其实我自己在前一段时间也亲自体验到了这种过长的袖子。在Yohji Yamamoto店里有一件好像被熨烫过度，锃亮的深茶色西装外套特别吸引我，于是赶紧试穿了一下。结果发现袖子实在是太长，我问店员是否能帮我改短，没想到被说"请您就这么穿"，这么穿才是流行。

在穿着这件衣服出门的时候，我碰到了很多麻烦：我无法提包，即使伸手也看不见手表，无法迅速地应对各种情况，

图13 过长袖子的衣服
（ACROSS网站的"时尚定点观测"，1994年12月）

图 14　Yohji Yamamoto 的锃亮的西服

做什么事情都得先把袖子挽起来……真是各种不方便。可是穿着穿着，我发现了一些意想不到的让人舒服的地方：我不再老想着接下来要干什么，不再老让身体为了迅速应对各种突发情况而长期处于准备状态。而说起来包这个东西本身就是一个"准备"。我的包里总装着行事历（不仅记载了过去，还写着接下来需要做的事）、通讯录、会议的资料、在地铁上要读的书、便当、胃药等。我们好像就是为了未来而生的。

没准备的衣服

"没准备的衣服"这个说法我自己也知道很奇怪，其实我想说的是像袖子过长的衣服一样，同"为了未来做好准备"这样的态度不相容的衣服。

这种将未来纳入视野范围而考虑现在行动的态度和近代社会的构成息息相关。在谈"市民的制服"时我也稍微提到过，近代社会每个人的"自己"这个概念，都不再是向着过去，也就是说"起源"（家族、民族起源等），而是向着一个在前方的愿景，也就是未来。为了实现这个愿景，需要现在开始计划，要具有前瞻性。现在企业的大多数投资行为的背后，也有未来的愿景在背后支撑（还有前进、进步、成长的信仰)。同时由于这样的社会环境，没有前瞻性就意味着落后于他人，落后于社会，在这个意识的驱使下我们不停追赶，气喘吁吁。

泡沫经济时代的投资与消费狂热和与其相反的节约与储蓄的观念一样，两者都是面向未来的一种考虑。节约与储蓄是期待未来的消费能多于现在的拥有，投资与消费则是现在就消费掉比自己拥有的更多。是为了未来牺牲现在，还是为了现在抵押未来，看起来完全相反的两个方向，其实都是一种同并不存在于此刻的未来之间进行的"幸福计算"。

穿上流行的衣服，就像是穿上现在这个时代的气息。20世纪可以说是时尚的世纪。德国的思想家格奥尔格·齐美尔[13]说过，时尚带有的特定的时间感，是一种立足于"现在"的优先主义。它有着一种不断追求新鲜事物的倾向(Neomanie：嗜新狂)，一边轻易地舍弃过去，一边拒绝为了未来而限制现在。

换句话说，在这种时间意识里，共存着时尚的刹那性、厌倦性以及对时代共同幻想的批判性。有只是作为装饰"现在"的"名利场"的时尚，也存在着无条件批判"嗜新"以及否定时尚理论本身的"反时尚"。而两者的出发点都是时尚的"现在主义"。

而现在街头上这种过长的袖子，同和服的袖子试图体现女性的可爱之处完全不一样，它不是前卫主义的体现，也不是来势汹汹的"反时尚"，它只是从一味"向前看"的思想中解脱出来的生活方式，在根本没有考虑到时尚的情况下，在身体的表面上呈现出来而已。

译者注——
13.格奥尔格·齐美尔（Georg Simmel）：1858~1918，德国社会学家、哲学家，是形式社会学的开创者。

反过来的衣服

在最近年轻人的时尚中，还有一点引起了我的注意：他们会把好好的衬衣或者T恤反过来穿。这种时尚被称之为"颓废邋遢风（Grunge）""古破风（Shabby）"。而这种风格更是深入到在三四十岁女性的优雅打扮中。与其说反穿，不如说是一种让缝合线外露的设计。这种露出线头和衬里、带着粗糙毛边的衣服，年长的人看起来肯定特别迷惑，不懂为什么大家会去穿这种"难看"的东西。

关于为什么这种服装会流行的解释有很多。年轻人本来就不按常理穿衣，所以反过来穿对于他们来说其实并没有什么复杂的原因。可能他们常看着自己的前辈穿着面试的西

图15 ACROSS网站的"时尚定点观测"，1994年8月

装或是公司的制服，想着反正有一天自己都要变成那个样子，出于这种轻微的绝望感，所以在可能的时候尽量放肆。也可能这种穿法来自于一种深刻的与积极主义相反的"贫困主义"[14]。还可能是因为泡沫经济时代长期的品牌消费让人感到厌倦，所以干脆往一个完全不同的方向发展。每次看到这些衣服，我总想起这件事：

前段时间有幸参观了松井利夫先生的展览。松井先生是一位擅长使用赤土素烧和铝材的雕塑家。但是在这一次的展览上，他第一次使用布制作了四个都名为《无题》的作品。一为紫色的天鹅绒窗帘和之下挂着的一副袖子；二为展开的黑色布料和在其各处挂着的很多金色的袖子；三是将裙摆缝在一起呈管状的两件天鹅绒礼服裙；四则是随着拉链开合展现布料张弛的作品。在位于地下的画廊看这些作品的时候，感觉特别奇妙。

这些作品通过布的褶皱和抚平，翻转了表里内外，在一种程度上是空间实验。本来应该在内部的东西悄悄地来到外部，而本来的表面在不知不觉中变成了里面，空间的构造

图16 《无题》, 松井利夫展, 1994年

不停地被改变着。在这四个作品中我最喜欢拉链的那个开合装置。通过将两个表面的结合诞生了一个内部的空间，我认为这种构造对于衣服的表里内外也有着很大的启发。

译者注——

14. 贫困主义：来自法语 Pauperisme，是 20 世纪 80 年代末期"反时尚"代表人物设计师马丁·马吉拉（Martin Margiela）所提出，类似街头流浪汉打扮的一种风格。

跑出身体外的衣服

为什么反穿衣服会让有些人觉得舒服呢？想弄清楚这个问题，首先要从空间的角度弄清楚我们和身体之间的关系，以及我们和服装之间的关系。可是这并没有想起来这么容易。比如说我们的内脏和骨骼到底算是身体的内部还是外部（没人见过自己身体里的内脏，即使因为各种原因被取出，也会吓得不敢看）；皮肤和衣服之间的空隙是内部还是外部（有人把手伸进衣服会不自觉发抖）……身体，作为是我们存在一部分的同时，对于我们又是一个外部的对象；衣服，虽然接触着我们身体的表面，但是又可以说它处在外部。如果把衣服的表面看作是我们的外部，衣服和皮肤之间的空隙就是内部；如果反过来把皮肤看作是我们的外部，平常被看作衣服的里面，同皮肤接触的部分就变成了外部。

那这么说来，反穿的衣服也可以说成是身体跑到了衣服的外部。身体在被反穿衣服的内部，也就是说，把身体放在向着内部的衣服的表面之上。

最先开始将"反穿"带入时装设计的是数年前的川久保玲（COMME des GARÇONS）和让·保罗·高缇耶（Jean Paul Gaultier），然后瞬间在街头时尚中被接受并流行起来。在COMME des GARÇONS 1995年初夏的系列中有一件西装外套，好像围裙一样挂在身体的前面。仔细想想，和反穿的衣服一样，它们都是把身体放在衣服之外的时尚，也可以说是跑出身体外的时尚。

而为什么会这么做衣服呢？我想说到底，难道不就是为了脱掉穿在身体内部的"衣服"，脱掉那些缝在身体内部的制服，也就是说标准、常识等这样的"衣服"吗？为了冲出这些"衣服"，所以直接把衣服反过来穿。

图17　COMME des GARÇONS, 1995春夏系列

在这里我不得不联想到建筑家安藤忠雄先生常用的清水混凝土[15]墙面，也可以说是一种"反转"的墙吧。作为安藤先生事业起点的"住吉长屋"(大阪市)，是一座在两间木造长屋中间，宽2间、长8间，像一个立方体盒子的住宅。这间房子的内外全部采用了清水混凝土的墙面。也就是说不管在家的外面还是里面，我们触摸到的墙面都有着相同的肌理，以此消除了公私生活的差异。同时这个奇特的材料看上去又像绒毯一样柔软，深色的表面与树皮或是茶室的土墙相近，让人有一种雕刻时光的感觉。

安藤先生设计的住宅一举否定了我们一直以来在住宅中追求的带着防御性的私密感。和反过来的衣服一样，在这间房子里住的人虽然身在室内，却在建筑物的外部。而且在屋内还能体验到外部的空间：因为连接房间和房间之间的通道没有屋顶，所以下雨的时候到旁边的房间都需要打伞；晴天的时候抬头就能看到矩形的天空，好像雷尼·马格利特的蓝色画布一样。太阳的光线在屋里看起来特别美丽。通过墙上的缝隙也能让外面的空气进入屋内。这样一来，中庭将风、雨、光带到了住宅的最深处。

图18

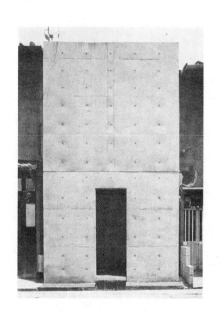

图 19　安藤忠雄，"住吉长屋"，1976 年

译者注——

15.清水混凝土：一次浇注成型，不加任何外装饰，直接采用现浇混凝土的自然表面作为装饰面。

跳出性别的衣服

COMME des GARÇONS的衣服不仅跳出了身体，还跳出了性别的观念。性别差异深存于我们的意识之中，几乎已经被制度化。而在早期三宅一生的工作中，就已经跳出了这种制度，他设计的衣服总是从把人们所认为的"女性化"形象一拳打破。而打破常识的衣服，就是将服装本来不被所知的一面向人展开。在川久保玲的设计中，这一点更显得突出。（图22）

在谈到性别差异的时候，我总会想到一件不可思议的事情。对于异性的怪癖、性变态、暴露狂等"变态性欲"为什么常常仅限于男性呢？在约翰·曼尼（John Money）[16]和帕特

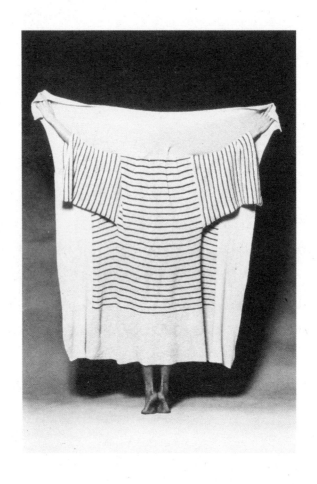

图20 三宅一生, 1977 (摄影: 横须贺功光)

图21 三宅一生, "Bouncing Dress", 1993年春夏系列, 巴黎时装周

（摄影：Michel Quenneville）

图 22　迈克尔·克拉克（Michael Clark）（摄影：斯诺登勋爵（Lord Snowdon））
衬衣：COMME des GARÇONS

里夏·塔克（Patricia Tucker）[17]的著作《性的签名》（*Sexual Signatures*）中说道，同性恋者、异装癖者、变性者中的男女比例为三比一。这样巨大的数量差异其原因到底在哪里？而反过来，狂热节食者、拒食症患者、过食症患者等大多却都是女性。

在本书的开头我曾经说过，由于我们从自己身上能获得关于自己身体的视觉信息非常有限，所以身体在大多时候只是充当一个想象的媒介，也就是"像"。而作为"像"的身体，在男性与女性的所有方式上其实是有很大不同的。就女性来说，这个"像"是通过人生中不停发生的各种身体现象进而不断吻合和增强的。青春期的时候身体的形状会发生戏剧性的变化；身体状态由于体内的出血产生周期性的变化；怀孕与生产；更年期与停经……女性通过来自自己身体最深处潮起潮落的状态变化，好像措手不及地应对来自自己内部对自己的袭击，一步步地试探与了解，一点一滴地拼起自己的"像"。也许对于女性来说，身体是一个在看不见的地方徘徊，时不时发起偷袭，就像影子一样甩也甩不掉的东西。她们只能被动地去应对、适应身体的各种变化。

和女性相比，男性的身体更为抽象。虽然青春期胡子、体毛等开始生长，声音发生改变，阴茎也会长大，但是作为整体来说，身体的形状并没有什么戏剧性的变化。所以对于男性而言身体的"像"，一旦获得了就很容易形成一种固定的观念。所以男性在自己所熟悉的"像"受伤的时候，或是直面试图改变这个"像"的强烈意愿的时候，就好像自己的存在受到侵犯和动摇，感到惊恐万分。所以用异装使性格发生剧变的一般也都是男性。一方面这关系到性的自我认知，另一方面也让人看到，附着于服装上的我们这个时代的性观念是如此根深蒂固地束缚着人们。

在我们这个时代之外，很少再有服装的性别差异如此极端的时代。就下半身来说，有着"男裤女裙"的严格分类。但是女性可以穿裤子，男性却不能穿裙子。也就是说女性大半的着装对于男性来说是禁止的，而男性的服装对于女性来说却没什么禁忌，两性之间竟然存在着如此之大的服装不平衡。而在这之后深藏着所谓的"视线政治"这种东西——"男人看，女人被看"。由于男性的服装有着严格的限制，而且也从没有做过像女性一样的装扮，所以如果突然穿上女装就很容易产生性别的"身份危机"。而相对来说，女性的服装限制较少，平常的化妆造型等让她们习惯于自我变装，所以穿上异性服装对于她们来说并不会带来危机（之前香奈儿（Chanel）的设计师卡尔·拉格斐（Karl Lagerfeld）让女模特穿上男士内裤，引起巨大话题，由此可见女性对于自己的性别认知有多么坚定）。只是由于"视线政治"，当自己的视线遇到他人的视线时总让人觉得特别不自由。所以为了躲避这种"评断"或"鉴定"的眼光，很多女性会绕开凸显自己的衣服，而选择能让自己隐藏起来的衣服。

心理学家赛默·费雪（Seymour Fisher）[18]在他的著作《身体的意识》（*Body Consciousness*）中写道："一般来说，女性比男性对于自己身体的安定感要强。"这里费雪所说的较强的"安定感"，我认为不是指的就身体轮廓内外关系的强弱，而是说其应变能力之强、幅度之广，对于自己外在的变化顺应度和容许度高。而这种同自己身体的关系，本身也受到长时间的制度化性别观念的影响。

各种有形无形的规范与解释深深地渗透在我们的自我性别认知、我们身体的"像"当中，让我们的存在越来越受到限制。这种感觉就像揭开结痂的伤疤，穿着不合身的制服一样让人不舒服。

我们每个人同自己身体之间距离的张弛，具体来说也是身体意识与自我性别认知之间的变化。在女性的身体意识中，由于从来没有把身体同自己的距离拉得特别近，所以女性能将自己的身体有意识地看成一个可以替换的东西，从而获得更多灵活性。而继续之前"视线政治"的说法，这样一来女性能够从"被看"的对象转换到主动去"看"的存在。现在越来越多的女性摄影师会创作全裸自拍也许就是这个原因。因为灵活性产生的距离，让自己对自己身体产生了设计的可能。健身、打网球、学潜水等这都是通过运动或者游戏来设计自己的身体，加工自己的身体。就连营养饮料的广告中都会打出"身体模式"的招牌。

对于自己本来性别的意识觉醒，进一步地动摇了作为"像"的身体。为了在从来没有体验过的感官世界里插入"自己"

这个存在，通过化妆、脱毛、装饰、整形等身体表面的加工和变形，唤醒或增强身体感觉。

其实男性也可以享受到这样相同的快乐。比如说现在也有男性开始穿裙子（我大学的时候就有个喜欢穿裙子的男同学，他说自己特别享受来自他人的异样眼光）；越来越多的男性也开始使用洗发水、护发素、磨砂膏，等等，如果打开现在假期旅行的男高中生的旅行包，谁的包里没有几瓶"化妆品"呢？

译者注——

16.约翰·曼尼（John Money）：1921~2006，心理学家、性学家。创造了"性别认同"理论。

17.帕特里夏·塔克（Patricia Tucker）：心理学家、性学家。

18.赛默·费雪（Seymour Fisher）：美国心理学家、药理学家。

情迷
川久保玲

COMME des GARÇONS 的衣服一直都跳出性别界限而存在，在1995年春夏的女装系列里，川久保玲做了特别有趣的设计。虽然以"若隐若现的女性"为题，可是伸展台上模特穿的却基本是以男性银灰色西装为基础而设计的衣服。整场的模特看上去都神清气爽，虽然穿着"男装"，却挡不住女性气息的涌现，让人忍不住称赞。同时有一位模特和一对打扮奢华的双胞胎兄弟一起走过伸展台，那充满透明感的身姿真是太帅了。

男和女、父和母、大和小、勇猛和可爱、吵闹和安静、粗糙的皮肤和光滑的皮肤等，这种两性印象的对比简直就像

图23 COMME des GARÇONS，1995年春夏系列

图24　COMME des GARÇONS, 1984年春夏系列,
摄影: 彼得·林德伯格 (Peter Lindbergh)

一览表一样深入人心。而过多地塑造"可爱（Kawaii）"形象，反倒会遭到同性的围攻。这方面松田圣子[19]恐怕是个最好的例子。她在媒体上都竭尽全力塑造自己的可爱形象，结果总是遭受女性的攻击，反而"恶女"看起来才是女性的伙伴。而像上述的"一览表"是如此地占据人心，似乎成了"圣经"一样的存在，我们似乎就越来越难看到真实的情况。

COMME des GARÇONS 对这种"圣经"一样的存在进行了彻底的破坏。但是这个过程也不是那么轻松容易的。在最开始的时候连自己都会感到迷惘就不用说了，一旦试图踏出这个框外一步，不管同性或异性都会投来异样的眼光，甚至辱骂。"丑女""肥婆""脏东西"等这样残酷的话语就像石子一样一把打在脸上。在川久保玲的设计中，我看到了这种惨痛无情的体验。在她的设计里有着毋庸置疑的美，可是这和平常所说的优雅、柔美却完全不一样。相反它让人感受到的是奇怪、低头甚至是被打败的感觉。

图25　COMME des GARÇONS，1995~1996年秋冬系列

我想这可能和生理上本来的悲哀有关。说到"女性化"，我想每个人都会冒出各种女性"属性"一样的关键词。清爽也好，性感也好，楚楚可怜也好，小鸟依人也好，在川久保玲的工作中，她既没有去呼应这些"属性"，也没有反对这些"属性"，而是强势而直接地正确面对女性的生理面。她深深地潜入"女性化"的包围，在性差的外部制作"无性"的服装，同时又在更深的层面直面"女性"这个事实。

在COMME des GARÇONS的系列中，时常会浮现出川久保玲本人少女时代（昭和二十年代，1945~1954年）的各种亲身经验。缝上平整的布或是褶皱的便宜衬衫；在襟口或是裙摆缝上花边的衬裙；手织的短毛衣或是体操短裤；让人想起战后贫困生活的各种花纹，等等，这些存在于我们这个时代之外的东西，都一一在川久保玲设计的系列中登场。

前段时间有一位朋友上街的时候，身边站着一位全身黑色COMME des GARÇONS打扮的女孩。他上前问她为什么只穿COMME des GARÇONS，女孩说："因为这样就没有男生来搭讪了！"

译者注——
19.约松田圣子：日本著名女歌手、女演员，是20世纪80至90年代日本最成功的女歌手之一。

皮肤的嘈杂

松井利夫的作品也好，川久保玲的时装也好，安藤忠雄的建筑也好，从他们的作品中都不难看出，他们都是对身体空间存在敏锐感觉的设计师。而接下来对于身体空间，我想谈谈关于身体表面的触觉。在之前我已经说到，时尚带有社会性的意义以及一定的记号性，但由于衣服同身体的直接接触，时尚还存在着通过素材与形状刺激我们身体感觉的这一面。

最近经常能看到一种打扮，就是年轻的女孩穿的连衣裙、迷你裙、袜套等都紧到像是附在皮肤上一样。还有一些女孩穿着低胸的黑色紧身连衣裙，脖子和胸襟显得特别白皙，让人联想到赫本在《龙凤配》(Sabrina) 中的经典造型。这些紧身的打扮对男性来说具有很大的诱惑力，所以很多女孩子都表示很讨厌这种打扮。

提到露出身体这件事，最近出版的《街头风尚1945~1995》(PARCO出版社) 中谈到20世纪60年代初登场的迷你裙，被认为是年轻人为了露出大腿走在街上开放的服饰。这当中除了包含着性解放的背景，同时也含着女性们对"少女"或是"中性"的肯定，换句话说就是对传统成熟女性形象的否定。

所以在这个意义上，好像附在皮肤上的紧身衣不应该只被看作是性感的代名词，而应该从与身体相关的方向，看作是身体感觉的刺激。

紧身衣其实并不是穿起来舒服的衣服，和它的名字一样一看就知道是对身体感觉拥有强烈刺激的衣服。看的人能够感受到这种刺激，穿的人更是通过每一个身体运动都会在皮肤上有相应的感觉。这种弹性材料的张弛感肯定让人觉得特别舒服吧。最近也出现了许多PVC的裙子和内衣。这种称作"绷带装"的打扮本来是地下乐团的装备，现在渐渐成为街头时尚，即使只是看一眼都让人有一种紧绷的刺激感。

这种让皮肤紧绷的服装给人带来的快乐到底来自于哪里呢？划时代的媒介理论家马歇尔·麦克卢汉（Marshall McLuhan）在20世纪60年代曾预言，20世纪的时尚会由全身被衣服覆盖的时代开始，经过全身被划一的空间收容的时代，到达"我们所有肉体表面都呼吸，倾听，生生不息"的时代。换句话说，女性从"看与被看"的模式中被解放，20世纪60年代之后的时尚不再仅限于视觉上的造型和轮廓，而是通过素材的触感延伸到更深的各种细微之处。

机械的
身体

我之前没事的时候会看电视转播的有氧健身操比赛。参赛选手的明朗笑容总是让我特别在意。与其说明朗，不如说那是一种离我们人类感情距离很远的一种笑容，我觉得演技再好也不可能演得出这么开心的样子，更不用说如此长时间地保持这种笑容在脸上，所以我总感觉到有一些奇怪。看着他们我不自觉地联想到人偶的脸，或是在大阪道顿堀的名胜"食倒太郎"（一个戴着黑框眼镜，穿着条纹睡衣，敲着鼓的等身大人偶）。当然，看着选手们如机械一样准确的动作，以及和队友整齐划一的配合，不免让人赞叹，只是这样的舞蹈让我一直有一种距离感。像迈克尔·杰克逊（Michael Jackson）的太空步，或是曼哈顿、东京街头的霹雳舞这样机械的运动，如果长年累月地做下来，身体难道不会被拖垮吗？

不仅是舞蹈，为了追求像纤细、健康身体这样"理想化"的状态，我们通过各种训练使体形发生改变；而泡澡、美容等让皮肤变得光洁无瑕有弹性。之后则在这"理想化"的身体上套上紧身的衣服……时尚杂志上把这种行为称作"身体时尚"或是"身体主义"。

纤细的
身体
「节食症候群」

"身体设计"的思想在现在已经深刻地渗透进我们的日常生活之中，节食、晨浴、体香剂等变得越来越流行。但是需要注意的是，过度的节食可能会引发厌食症、过食症，而过度地注重个人卫生可能会有患口腔神经症、过度洁癖症的危险。

中岛梓[20]在她的著作《沟通不全症候群》（筑波书房出版）中说过，"节食症候群"是因为人们试图对社会的共同幻想进行过度适应而产生的一种行为。她作了如下的分析：

她们皮包骨一样纤瘦的身体、看着食物却无法下咽的饥饿以及坚信"瘦"本身就具有价值的精神构造，其实只是她们充满绝望状态的最好证明。社会伦理给予了一个模范标准，而她们在接受或拒绝这个二选一模式的逼迫之下，与自己所具有的轮廓比较，然后几近无情地将自己往所谓的"标准轮廓"里塞。虽然整个过程充满绝望与痛苦，但是更绝望的是，她们到头来发现，她们必须接受这样的模范与标准。

而与之相对的肥胖体型，是同这个竞争社会优胜劣汰规则相反的象征，是她们努力接受、顺从之后发现还是无法做到的恐怖与错乱的表现。她们节食完全不是为了减轻体重，而是为了变美，为了更受男性的欢迎，为了能穿上最新款的时装，为了变得像时装模特一样。她们所不懈追求的，只不过是被社会接受而已。

千万的少女们就这样过度地执行着社会送来的讯息和命令。其实如果冷静下来，"纤细"也就是说没有多余的东西，年轻、貌美、健康、崭新等这些，对于真正追求自由的人来说其实并不重要，它们只是被贩卖的商品价值而已。根据中岛梓所说的，虽然如此，不仅是女性，男性们也没能逃过这种强迫观念的袭击：

一直以来作为选择方的男性，从来没有被摆在被选择方的位置上。可是最近经常听到"东京大学毕业、身高175厘米以上、体重55公斤以下、不戴眼镜、帅气、温柔、城市出生、单身"的择偶条件，这种"人肉市场"给男性带来的恐怖绝对不在女性之下。正是因为一直以"买方"身份存在的男性，从没做过"卖方"，才更加明白"被买"那一方的屈辱和恐怖，自尊的危机，等等。因为这一切都是"买方"带来的，所以才让他们更觉得惊恐。而长久以来的社会形态都让男性像挑选商品一样地挑选女性，主要看重像持家这样的主要"机能"，同时考虑"附加价值"以及"新旧程度"。而现在这个时代突然变成了女性，或是说社会，挑选男性的时代。现在出现的越来越多的"宅男"，就是因为很多男性深知自己无法符合任何选择标准而采取的逃脱行为。男性从来没有像女性那样，根据外貌、身高、体重等被分成三六九等，所以同女性相比，他们对于被分类这件事情的接受能力要低得多。而更多情况是，即使自己长得不好看，有的人觉得自己学历高就能弥补一些，或是有一辆好车之类的。就算是长得难看，没房没车没学历，他们总能找到一个什么别的因素。他们知道自己没有地方可以逃，所以他们慢慢地就躲到属于自己的宇宙中去，因为现实的状况让他们必须这么做。

关于"节食症候群"的分析，我觉得中岛梓已经说得很完美了，我也没有什么好添加的。只是接下来相对于"节食症候群"的"过度适应"，我想谈谈关于过度注重个人卫生而导致的"洁癖症候群"的"过度防卫"。

译者注——
20.中岛梓：本名今冈纯代，日本著名作家、评论家。常以笔名栗本薰、中岛梓发表作品。

清洁的
身体

『洁癖症候群』

"洁癖"这个词开始被频繁使用的时候，大约是在晨浴流行以及体香剂类产品开始畅销之际。20世纪80年代后期媒体上出现了"清洁美人"的流行语，那个时候我在一所女子大学教课的时候问过，大概百分之九十五以上的学生都会在早上淋浴。而今年我又问过一次，虽然不是早上，但是每天都会洗澡的学生占了六成以上。根据统计，1990年洗发水、护发素等产品在市场上有两千亿日元的份额，沐浴露的销量在20世纪80年代后期的四、五年里也有了两三倍的增长。而随后更是出现了预防口臭的口腔清洁商品、腋下除臭用品、脱毛药剂以及用于去除脸部死皮的带有磨砂膏的洁面商品，等等。

同样在20世纪80年代的美国，这种"清洁身体"的观念以一种更象征性的方式流行起来。特别在被称作"青年领袖"的年轻精英阶层中，他们积极戒烟，减少夜生活而提早归家，严格控制饮酒，不吃含有人工色素和防腐剂的食品，养成低脂肪、低热量的饮食习惯。那个时候在纽约点一杯咖啡还会被问到是要含咖啡因的还是不含咖啡因的。他们竭尽全力排除身体内部不纯的杂物，这种"排毒"的观念像强迫症一样攻占人们的内心。这种强制的道德观念，甚至可以说是一种"美学"，比起日本的"清洁身体"，美国的"清洁体液"可谓是"更上一层楼"。那个时候的美国甚至诞生了贩卖不受任何药物污染的尿液商业，而很多岗位招聘的时候更会强迫进行药检，每个人都有义务在检验员的监视下排尿。

在这个现象背后，艾滋病的蔓延虽然是一个原因，同时也有更具象征性的解释。美国女性主义者，同时也是杂志编辑的亚瑟·克洛克（Arthur Kroker）和马瑞路丝·克洛克（Marilouise Kroker）在合著的《身体入侵者》（*Body Invaders*）（1988年）中说道，对于病毒蔓延的恐惧，让美国在政治、经济、文化甚至国民身份上陷入了"文化免疫秩序崩溃"。由于防止破坏身体免疫组织的病毒的侵入，提高身体的免疫能力固然是当务之急，可是当时人们的对应方法现在看起来特别自相矛盾。为了对抗病毒，增强身体的免疫能力人为地将身体的内部环境纯粹化，其结果只会让体内的免疫系统越来越弱。在杀菌的环境下，异物不再存在，免疫系统停止工作进而变得衰竭。法国哲学家、社会学家让·鲍德里亚（Jean Baudrillard）曾经带着嘲讽的语气说过："如果人类被彻底净化，再也没有社会的细菌和感染，这比死亡还要干净的清洁，只不过是给这个宇宙留下的最悲哀的病毒吧。"

回避与他人的接触

为了补足衰弱的个人意识，在个人感觉层面上，"清洁渴望"是方法之一。当我们不太清楚自己是谁的时候，当不确定属于自己独自的东西在哪里的时候，只要稍微接触到不属于自己的东西，或是性质不明的东西，就能让我们感到特别害怕。为了确保和自己的统一性，虽然没有任何根据，同任何不是自己或是不属于自己同样范畴内的东西的接触，在我们的潜意识里都会被消极看待。

每当这种时候我们总会找出一个异物，创造一个"他人"，然后把所有的东西都怪罪在其头上。这种"就是因为他我们这个小组才一直没有什么起色"的想法正是如此。然后像驱除异己一样，首先设定一个"我们"的范畴，自己作为"我们"的一员，开始清理门户，除掉不属于"我们"的成员。美国的某个心理学家说过，在每个家庭里都有充当被欺负角色的一员，以此来保持作为"家族"的整体感。而这个被欺负的角色并没有具体的限制，可以是孩子，可以是老人，也可以是父母。

当这些都不可能的时候，为了确保不让自己跌入身份危机，我们会怎么做呢？我们会通过一直重复做某一件事情来确认那就是自己。比如说上学的时候我们总是在同一个时间经过同一个地点，或是总是穿着同一件衣服。或者有的时候我们会陷入过度的理论中去：比如在谈话的时候会尽量避免意思暧昧的词句，尽全力让内容变得明了。而在对方说了一句自相矛盾的话时，我们会立马强烈地纠正。这就是所谓的"过度合理主义"的征兆。它其实是我们在自己内部无法确认自己统一性的时候，通过外在表现的一种确认。就像是总是穿着几近奇葩服饰的人，其实内心都是非常脆弱的一样。

而连这样的方法都不可能的时候，我们则会选择回避与一切不是自己的东西的接触。

在20世纪60年代后期，一位有名的数学家曾经讲过这样一件事。这位老师的女儿在高中的时候，好像觉得自己的爸爸很脏一样，从来不怎么和他说话，完全把自己封闭起来。到了她结婚生子之后，她像是突然打开了自己的通信通道一样，连各种生活中琐碎的小事都会跟父亲分享。我想女儿在结婚了之后，同自己的丈夫这个"他人"之间有了亲密的身体接触，然后深刻地了解到自己的孩子从营养摄取到排泄的整个生理过程，在此之间，她无法再把自己关在自己的空间里，把自己和他人之间隔离开来。

自己
他人的他人

在"自己"这个封闭的领域中，我们无法确认自己的存在。说得复杂一点，我们对自己的认识，应该是从"他人的他人"开始的。也就是说，当我们能够确认自己的存在对于某一个"他人"是有意义的时候，才能实际感觉到自己的存在。只要是我不在他就不行；虽然我也不能做什么，但是只要是我在身边，他就觉得安心；我因为生病而缺席，整个小组就没来由地变得没有生气……什么原因并不重要，重要的是，只要是我们的存在对于他人是有意义的，我们自己就不会走失。

"我们通过让他人知道自己行为的意义，也就是说，通过自己的行为对他人产生效果，从而得知自己是谁。"英国著名的精神病学家罗纳德·大卫·莱因（Ronald David Laing）曾经这么说过。换句话说，"我"要成为"我"的话，就必须在"我"之外的他人那里占有一席之地。

这么说来我们在他人的世界里不停地给自己找一个位置，绝望地把自己安插在这个位置之上。因为没有了"他人"这面镜子，我们就看不见"自己"。

这不仅是一个"自己"和"他人"的关系，这还可以说是一个引导与被引导、守护与被守护的关系。教师和护士都是从事着和"他人"相关的工作，在工作现场他们也需要无形中接受来自于"他人"的逆向规定，以此增强"自己"存在的意识。

这个关系不是有去无回，而一定是相互补充的。没有对学生没有要求的教师，也没有对老师没有要求的学生。比起在学生前后表现一致的正直老师，那些时常评错分，常迟到的老师更让学生感到开心。而比起贴心周到的优秀护士，那些打针打不好，把送饭时间搞错的护士更能让人感到高兴。为什么会这样呢？因为他们让学生或是患者担心、生气、生疑等，在很多层面上对于"他人"们产生了意义，由此让"他人"完整了"自己"的意义。

出于同样的理由，比起和自己儿子住在一起的年迈母亲，天天想着"这个家有我和没有我也不会有什么两样"，那种因为儿子犯罪入狱，想着"自己对不起这个世界"而隐居独自生活的母亲可能会过得更幸福。因为她至少可以确定的是，"现在还能支持儿子的只有我一个人"。

在我们无法意识到作为"他人的他人"的"自己"时，"自己"的意识就会渐渐开始动摇，或是变得特别薄弱。在这种时候我们会从意识的层面转移到物质的层面，也就是说将注意力转移到看得见、摸得着的"自己"和"他人"的界限上去。而皮肤自然属于这个界限之一。它不仅分清了公私、内外，在象征意义上还代表着男女、人和机器、正常和异常等的界限，以及社会生活中对于每个人来说都特别重要的"底线"。

而当我们在这个物质的层面也没有实感的时候，我们就会转向自己的皮肤感觉。这也是自己和他人之间最后的屏障，也是自己最后的防线。而自我保护的度很难衡量，所以就不难理解会出现"洁癖症候群"这样的"过度防卫"吧。

贝纳通
的广告

意大利有一个叫贝纳通（United Colors of Benetton）的著名时尚品牌。之前他们的一个广告中，为了引起人们对艾滋病的关心，有一张将安全套排列在一起的照片，引起了很大冲击。还有一次艺术指导以全裸形象出现，打出"把衣服还给我"的标语，试图借此宣传资源回收运动。他们的广告海报很多都和社会问题相关，在近年来引起了很大的话题。

在海湾战争中被石油淋湿的鸟、战死士兵遗物的陈列、艾滋病患者的死亡现场、垃圾场里的猪圈、患白化病的少女、抱着白人婴儿的黑人女性、黑帮的杀人现场、孟加拉洪水中失去家园的人们、装满阿尔巴尼亚难民的船只……这些

图26　贝纳通广告

图27 贝纳通广告

图28 贝纳通广告

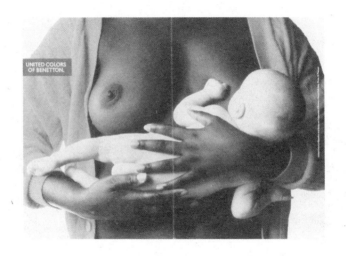

图29　贝纳通广告

全部都是贝纳通在广告中涉及过的主题。它们带着一定的挑拨性，在一定程度上冲击着人们的意识。

一方面有的人认为很有新意，信息鲜明强烈，很是赞赏；另一方面也有像梵蒂冈和法国的人权卫士发表了批判的声明，认为贝纳通恶趣味、低等，将他人的不幸拿来当作自己的卖点。而贝纳通的说法是，他们只是展现出原本的事实而已，反而隐藏与粉饰才是可耻的。

这些广告确实带有很强的冲击性，它们所提示的主题也是在媒体上常见的像艾滋病、环境污染、战争、儿童虐待、种族歧视等这样"老一套"的问题。既然是"老一套"，它就不完全事实，它只是各种形象的拼凑构成。贝纳通的广告照片系列，挑衅了社会上的道德强迫观念。而在这件事情上，在这样的观念的条条框框之内，无论是谁，只要一碰都不好收拾。他们的做法就好像是在说"我们现在还可以忽视艾滋病吗？""我们装作不知道难民的问题，这样也可以吗？"一样，把任何人都无法反对的现代世界的重要问题一举推到每个人眼前。

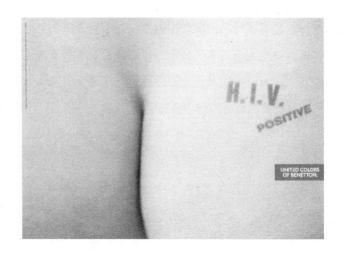

图30 贝纳通广告

在这个地方我想说的是，贝纳通的广告说到底是为了吸引消费者的眼球，所以我觉得比起广告背后所表达的信息（内容），来自于图像的感触（质感）才是他们真正看重的地方。在每一幅广告照片上都有一种独特的质感浮上表面：安全套超薄的材料感；被石油淋湿的鸟和刚出生婴儿的湿润感等。贝纳通是一家时尚公司，这种质感，这种皮肤感觉才是时尚所在。

刺青与
『包扎』

在最后我想谈谈与皮肤更进一步的亲密接触，直接在皮肤
上刻画或是打洞，这样的刺青与穿孔时尚。

刺青作为时尚是从20世纪60年代的嬉皮文化和朋克运动
开始（1981年滚石乐队 The Rolling Stones 发表专辑《为你
纹身》(Tattoo You)），是亚文化精神的象征行为之一。他
们在皮肤上烙印自己的意志与态度，通过这种自由的行为
向主流社会喊话，"我们绝不和你们同流合污！"。

而刺青在最开始并不带有自由的含义，它常被用在各种仪
式（特别是和身份转换相关的仪式）上。它通过改变我们

存在的"像"而改变存在本身，作为"变身"的媒介，它也是装饰文化中重要的一部分。（1945年的雅尔塔会议上，军队出身的三位政治家身上都有骷髅刺青。这三位政治家正是丘吉尔、斯大林和罗斯福。对于他们来说文身应该就像是带有神奇力量的护身符一样。）

除此之外，文身和各种刑罚一样，带有将人分类、排除这样机制的重要意义。通过刺青，让危险人物可视化，并且在他们身上留下永远无法消除的印记。而因为这种无法消除的永久性，在帮派中的小弟经常会以刺青来证明自己的忠诚（也可以说是自己心甘情愿地被忠诚这个观念束缚）。而也有人文上"爱"之类的口号在自己身上，以示真爱。在日本刺青的这个方面非常突出。

刺青可以看作是对身体表面加工的一种"印刷"。这种"印刷"因为带有许多特定的图样，所以人们常常认为它带来的是外在的、视觉上的变化。而我在这里想深入谈的是，这外在的"印刷"和皮肤内部之间的关系。

有的精神病人会突然开始挠自己的头、侧腹、掌心，有时还会做出自我伤害的行为。在精神病理学上认为，这种自我破坏的冲动一般发生在自己对自己身体的意识被破坏的时候。所以临床上常用使用湿巾将"分裂"的身体包起来的疗法，让患者认为自己被"破坏"的身体得以恢复。

我们由于无法得知关于自己身体的全部情报，所以只能靠想象构筑一个关于自己身体的"像"（精神病专家勒穆安Eugénie Lemoine-Luccioni把这个身体的"像"称作"想像的外缘"）。可是在获得关于自己身体片面情报的时候，无法体会到"这是自己身体"这件事的时候，在精神病临床上经常让身体感觉介入，采用称作"包扎"的精神疗法。在治疗期间由护士为患者包上湿巾，然后在其之上为患者按摩。患者的身体通过更衣、湿巾、发汗等温度的变化接受各种刺激。而体表的温度也随着水温和护士的按摩不停变动。在这个过程中，不仅让身体全体的"像"得到恢复，也通过接触让交流的渠道更加通畅。

灵
魂
之
衣

"包扎"的疗法让皮肤的内外进行动态的交流,使用将皮肤密封起来的做法注入连本人都注意不到的感受。站在冷水淋浴旁边(会起鸡皮疙瘩)、紧身按摩型的裤袜以及绷带装都能起到同样的效果,但是强度最大的还是要数刺青。它是通过在身体外侧的描绘到达存在的内部,好像"敲着皮肤的门",让人侧耳倾听来自内部的声音(这里借用了港千寻著作《思考的皮肤》中的说法)。

刺青的图样是身体内部发出的对身体外部的影响,法国著名哲学家米歇尔·塞尔(Michel Serres)对此有着特别有意思的一说。他认为皮肤折叠的地方,也就是皮肤的面和面接触的地方（比如说上下唇之间、舌头的上下、齿间、开合的眼睑、伸缩的括约肌、可以握拳的手掌等），就是"灵魂"诞生的地方。而这些"灵魂"向着不同的方向移动着、跳跃着、交错着、重叠着，它们的运动轨迹就像波纹和旋涡一样。如果将这些轨迹刻画出来，就是文身。而它形式化、稍微缺少生机的一种形式就是我们今天面料上的印花了。

印花和刺青的区别在于，前者是可以穿脱自如，而后者是无法交换也无法修正的。身体是本身的原型，衣服将其不同的形象复制和交换（通过穿上不同的时尚风格）；刺青则是直接在身体这个原型上进行交换。

可是我觉得这只是一个没有根据的想法。身体本来就是各种加工、变形的产物，所谓脱下衣服"无垢"的身体、穿上衣服以前"无修正"的身体这种东西根本就不存在。对我们自己来说，身体本来就是一个无法把握，只能靠想象的"像"，而在这个层面上其实衣服和刺青并没有本质上的差异。如果说衣服是"看不见的身体"的外皮，那在这个"看不见的身体"上穿孔打环也是一个道理。灵魂也好，身体也好，都是在其表面进行加工然后慢慢地给予一个形体。

衣服和刺青都是"灵魂之衣"。它们不是从外侧打下的烙印，而是我们存在的内部向外发出的信息在表面上的印记。化妆在法语中是"cosmétique"，而这个词和"宇宙的"（cosmique）都来源于希腊语的"宇宙（κόσμος）"。化妆和刺青一样都是我们在身体表面的绘画，它们都是我们的内部环境——"灵魂"，同外部环境——宇宙之间交流的媒介。而在我们这个时代的化妆和刺青已经退化成自我演出的工具，而会不会有一天它们又回归到如此宇宙范畴的解释，带回给予我们宇宙感觉的功能呢？

4.

衣服这个

石膏

最后的时尚

加大码的衣服、反穿的衣服、贴身的衣服，这些存在于传统时尚概念之外的衣服在20世纪90年代的街头时尚中前仆后继地涌现。在这种被称为"Grunge"的风格中，年轻人们穿着洗坏了的T恤，配上下摆过大的毛衣或是背心。褪色与破旧感就这么渐渐成了时尚。

但是这种街头时尚，其实是由最前端的时装设计首先发出信息，然后在一秒之间爆红街头。

而在稍微年长的人群中流行的则是纯白色或是浅米色的衣服，也就是所谓的没有色彩和花纹的"无印风"。我想这种风格的流行，和20世纪80年代设计师时尚大爆发的"时尚狂想曲"也不无关系。说得不好听一点，就是说在20世纪90年代，原来的优雅、可爱、性感等品位的象征全部都过时了，这种"反时尚"的姿态才是现在的最新流行。

存在于时尚之外的时尚，变成了最新的时尚。而我带着一点讽刺的意味，把它们命名为"最后的时尚"。带着与时尚尽可能划清界限的期望，希望与时尚的距离越远越好，站在时尚背后的"最后的时尚（la dernière mode）"，却变成了"最新的时尚（la dernière mode）"。

这是我在《最后的时尚》（人文书院）这本书中讨论过的问题。在我们这个时代中，还有没有可能站在辩证的角度去评论时装设计。这个时代的批评本身，马上就会和批评的对象放在同一个平面上，让人无法冷静下来，中立、辩证地思考问题。在"反时尚"（最后的时尚）与传统时尚并立的今天，还有可能高标准地对各自的水平进行自我批评与审视吗？

时尚的闭塞感

虽然大多数人自己没有意识到，但是时尚这个现象其实渗透了很多颠覆时代、改变游戏规则的创新意识。可是其中最艰难的一点就是，如何防止这种"抵抗"不被流行所吞没。为了支撑这种"抵抗"而将其时尚化、流行化，抵抗的意义就渐渐萎缩。前段时间在便利店的时候，我竟然看到了"卡哇伊朋克"的广告。我想同样的事情也会在时尚中发生。本身反抗时尚的"反时尚"被时尚化，这种时尚被时尚包围的现象，就是时尚中无奈的闭塞感。

如果经过大阪美国村的三角公园，会看到长椅和台阶上坐满了吃着章鱼烧的年轻人。他们当中有朋克族、大学生、高中生等，每个人都嘻嘻哈哈地畅怀谈天，那仿佛是一种人生此刻死而无憾的快乐，让人不免心生羡慕。可是我又总觉得，在那个瞬间的画面中，好像一切的不完美全部被抽走了，再也没有什么可以做的了，又有一丝绝望的难过涌上心头。

在"Grunge"流行的时候，一种"严肃风"的说话风格也流行起来。对于环境保护、废弃物处理、艾滋等问题的关心在突然间暴涨，人们突然开始关心那些本来对每个人来说都应该关心的问题。而说到时尚，大部分人都会觉得，"应该想想比时尚更重要的事情吧"。我想贝纳通的广告就是抓住了这样一个流行趋势。我并不是说希望把时尚放在同环保、艾滋等问题并列的位置，我想说的是这些把问题时尚化，搞不清楚事态本身的情况，甚至隐藏事实的情况。

皱
皱
巴
巴
的
力
量

1994~1995 年 COMME des GARÇONS 的男装秀在羽田机场的破旧仓库中举行。这场秀让"反时尚"的精神彻底展现，让许多第一次来看 COMME des GARÇONS 秀的人大跌眼镜，想着"这也是时尚吗"。本来是音乐人、各种活动团体的成员充当模特，穿着好像铁匠、建筑市场或是鱼市场师傅的衣服，走在伸展台上。他们有的驼背，有的挺着大肚子，完全不是人们想象中的帅气形象。毛衣的下摆长得不成样子，裤子垮到让人以为是裙子。

皱皱巴巴、松松垮垮、破破烂烂、奇奇怪怪，完全无法让人联想到任何和优雅相关的词汇。而在女装秀的时候，川

图31　COMME des GARÇONS Homme Plus，1994~1995年秋冬系列

图32 《嘴》，伊文·潘（Irving Penn），1987年

久保玲也是让模特们在素颜上画上奇怪的妆容（或是如图32这样的唇妆），似乎在传达一种"为什么女性就要画红唇"的信息。她也时常要求模特"不要笑，不要扭，正常地给我走路"。衣服既不熨平，也不合身，就这么皱皱巴巴的。在这里听起来就好像是一种生活方式一样。不用撑起"男子气概"，不用挺起胸膛，摇摇晃晃也无所谓，走不好跳起来也没关系……

这些衣服的力量到底在哪里呢？我想是因为它们所带有的批评性，完全不是停留在时代的表层，而是直接指向时代的根基，指向任何一个人在无意识中接受了的这个时代的价值标准。

衣服也好，身体也好，艺术也好，思想也好，社会问题也好，它们当中的任何一个在某个特定的时代都会作为时尚而流行起来。"无印良品"企业广告中带着对于这种现象的批评眼光标榜"反时尚"；COMME des GARÇONS也是激烈地从时尚中把自己隔离出来。由于它们本身就是时尚当中的一员，它们试着比任何的时尚都要快，比任何的时尚都更激进，以此来消灭时尚本身。那些称赞COMME des GARÇONS清爽的支持者们应该就是带着这样的想法吧。

解体衣服

的衣服

三宅一生、
川久保玲、
山本耀司
的工作

三宅一生、川久保玲、山本耀司这三位日本设计师，通常被人们成为"前卫派"。人们常说他们颠覆了传统的衣服，但我认为应该说他们是与时尚制度在斗争更为合理。衣服中到底包含有多少的智慧、工艺、快乐、哀愁，我想这份感情，没有别的设计师比他们更理解、更珍惜。

他们在大多数人眼里会被归类为"洋服"设计师。可是在日本这个国家，早在一个多世纪前就"脱下"了"和服"，称他们为"服装设计师"不是更贴切一些吗？而在这个服装设计的世界，20世纪70年代之后让人不得不开始注目高田贤三、三宅一生、川久保玲、山本耀司这样的日本设计师。电子工程和自动化的发展将全球产业界的目光牵引到高科技之上。而设计方面，特别是就物品的设计，或是环境设计等方面的构想力和感受性来说，能够在这种大趋势下得到世界瞩目的只有建筑和时尚。它们涵盖艺术与技术，对人身体的生存空间进行创造性的构成。

日本的时装设计，因为这些优秀的设计师，跨过了之前艺术史上的"日本主义"（Japonisme）与"异域情调"（Exotisme）的阶段，在今天的时尚发展中，更具普遍性和前端性，占有一席之地。而他们通过各自的工作让时代的旋律可视化，也刺激着各种门类艺术的发展。他们的影响并不是只在单纯的某一方面，而是从"衣服"的本身渗透到最基础的地方。

1994年，英国当时著名的文化杂志《脸》（The Face）举办了"谁是时尚界最有影响力的人物"的问卷调查（调查对象为时装设计师、摄影师、造型师、时装杂志编辑等）。而登上第一名位置的正是川久保玲。

图33　COMME des GARÇONS, 1982~1983年秋冬系列,
摄影: 彼得·林德伯格 (Peter Lindbergh)

20世纪70年代末和80年代初的日本设计师的巴黎登场在时装时尚也算是一件大事。设计师们让人时常感觉到衣服不再是衣服。不成形的衣服、打补丁的衣服、破烂的衣服、褪色的衣服等，它们不再追求美丽和优雅，不打安全牌，让人跌破眼镜。

"反时尚"的袭击让人重新开始思考衣服的构成以及身体同衣服的关系，它指向的是衣服更根源性的问题。在这一点上，它完全挑战了欧洲传统的服装设计，让衣服完全解体。

処理身体
的衣服

作为设计的规定，人们常说"机能决定形态"。而穿着的感觉也让衣服必须带有机能性。但是这个机能性的对象在很多时候都是不一样的。有需要带有空气感的宽松衣服的时候，就有需要在运动时尽可能贴身衣服的时候。衣服给予身体的新造型不是对于作为一块血肉的身体，而是在不同强度下运动的身体，也就是通常"看不见的身体"。

日本传统的和服其实具有这样的机能性。只是由于时代的更迭，到了今天变成了工艺品一样的存在。它当中所包含的机能性，其实和今天前外派的设计师们的想法有异曲同工之处。

和服由很多块矩形的布料组成（为了折叠、运输而考虑）。在号码制定上也比较自由，由于其不对称的造型，根据穿法，看起来就会不一样。它和将身体包裹起来的穿衣方法不一样，而是在布料与布料之间，最细微、柔软的地方创造新的生命。

而这种柔软的感觉质疑了普通"美""优雅""女人味 / 男子气"这样的价值观，就像存在于时尚之外的时尚，给予了之后的设计更多的可能性。巴黎的《世界报》(Le Monde)评论 COMME des GARÇONS 1992 年秋冬系列时说"季风之后，时尚之后"(après la mousson, après la mode)，也是在说与包裹身体的制衣方式不一样的原理，以及与传统优雅、美丽、性感不一样的价值取向。三宅一生、川久保玲、山本耀司的工作对于时装设计史来说都具有重要意义。

破、解、离

存在于时尚最尖端的衣服，一般都是脱离服装文法，甚至带有侵略性的衣服。最早开始严肃讨论时尚的思想家罗兰·巴特，在他的著作《流行体系》(*Systeme de la mode*) 中写过："为了保证其无秩序的发展，时尚往往存有一种秩序。"以及"时尚唯一的目的就是逆转好不容易创造的奢华"。也就是说，时尚激发着人们对新的东西、别的东西的欲望，而在同时又不断地推翻自己已经完美铸造的模型。这两点也可以说是隐藏在特立独行的街头时尚背后的时尚理论。也就是不断地拒绝"合身"的概念。"合身"本身就是非时尚的感觉在时尚中的一种渗透，也可以说是时尚的"天敌"。时尚是这样的一种感觉，它脱离、解除甚至破坏一切既定的体系，对可以称之为我们共同生活轴心的各种标准与规范一概否定。而提到时尚这个词，大多数人都会联想到装饰、美化，其实它给予的是一种和社会规范与价值观的距离感，也就是我们和自己本身的距离感觉。借用法国作家安德烈·马尔罗（André Malraux）[21]在他的著作《空想美术馆》（*Le Musée imaginaire*）中的话说，这是一种"正常的变形"，也就是自由。

白洲正子[22]在谈世阿弥[23]能剧演技的时候曾说道：

> 演员在演出的时候一般都是尽全力给出好的演出——"是"，避免不好的演出——"非"。正是因为在修炼的过程中积累了无数的"非"，才能换来一个完整的"是"。而对于一般的演员来说，除了"是"，绝对不会在台上做出别的事情。可是对于观众来说，"是"的接连不断让人失去了新鲜感，好像并不再是什么特别的东西。如果在这个时候稍稍地给出一点"非"，观众反而会觉得，"啊，原来还可以这样啊！"，一种平易近人

的感觉油然而生。让观众感到开心也是演员的职
责之一，所以这里的"非"也成了"是"。

——《能剧——老木之花》

而这里的"积累的无数的'非'"，这种演出后所获得的
心境，和年轻的"弄潮儿"们最初的想法难道不是相近的
吗？他们挣脱出成人着装的套路，开始用自己的方式穿
衣，虽然不知道自己对抗的是什么，只是对抗的精神一直
引导着他们。正是这种感觉改变了服装的平衡，推动着时
尚的前进。

时尚在这个层面上也是这样，在与"合身"的对抗中，拉
长、剪短，可到头来最终尺码不对的其实是人本身。人类
本身就是不均衡的动物，而时尚只是将人类存在的这种不
均衡用最细微的方式表现出来而已。

时尚一般特别注重表面的比例与平衡，而其诞生的原因正
是我们自己平衡上的欠缺。我之前在关于时尚的文章中写

过"人类中存在着颠覆自身根本性的不平衡。如果它不存在了的话，就不再会有时尚"。而今天的我还是这么认为。

译者注——
21.安德烈·马尔罗（André Malraux）：1901~1976，法国小说家、评论家。
22.白洲正子：1910~1998，日本著名作家，四岁就学习能剧，也是美术研究家。
23.世阿弥：日本室町时代能乐演员与剧作家。与其父观阿弥一同留下了许多能剧著作。同时他的艺术评论也成为了今天重要的历史与文学资料。

像「石膏」一样
的衣服，
缝缝补补
的身体

我们所能看见的自己的身体、伸手触及到的大腿内侧、内脏发出的细微的声音与震动、胀痛的太阳穴、感应他人视线的后背……我们的身体感觉是被打碎的片段，散落在身体的各个地方。为了把这些片段拼凑起来，我们的想象力为我们画出了一幅全身像。我们的存在，在一种意义上说，是这样一个缝缝补补、拼拼凑凑的结果。可这只是在想象力靠得住的时候。在想象力有些衰弱的时候，衣服则能够勉强地起到一个支撑的作用，以至于我们不会不安，不会失控，不会崩溃。

穿着衣服的这种感觉，我们称之为时尚。而试想没有衣服的我们会更容易受伤，这时候连接我们片段的不再是想象力，而是疼痛这样的感觉。

最近我经常见到的衣服——打着布丁的衣服、过长过短的衣服、透明的衣服、破破烂烂的衣服，让我联想到我们片段式的这种存在条件。只是为什么突然这样的衣服，不再在传统意义上的盛装之下，又是反而在其之上呢？

我们本身就是古怪的存在。虽然如此，在大多的时尚中都试图将这种根源性的"缺陷"隐藏起来，用豪华与优雅去装饰。可这样一来，更让我们感觉到自己与之的差距。而最近这种走下传统优雅的时尚，让我们正视到自己的不完美。正是这种"贫瘠"的时尚，才能拯救我们"贫瘠"的内心，不是吗？

"我买了一件衬衫和外套。一般穿着新衣服站在镜子面前，会有一种看见自己新的皮肤一样的兴奋。可是穿着他的衬衫和外套，虽然也是新的，却好像穿着长者的衣服一样。"

文德斯在他拍摄的关于山本耀司的电影《都市时装速记》中说道。换句话说，这些衣服就是"和我们的存在条件统一的衣服"。

我们本身就是弱小与疲惫的存在。我们本身也没有与之抗衡的力量。牛顿在摄影时的服装、化妆、造型，就像义肢、义眼一样，隐藏或补全了我们的不足。

这段话取自马歇尔·布朗斯基[24]在赫尔穆特·牛顿（Helmut Newton）的画册《私人财产》（*Private property*）中的前言。这里的衣服，成为了支撑着我们每一个人，"石膏"一样的存在。

而说起山本耀司的衣服，总是在脱下之后感觉很好。脱下后把它们挂起来的时候，有一种不是那么帅气，甚至有点害羞的感觉。好像穿着它们时候的气魄与平衡全都没了。看着它们老让我想起各种各样的事情。我想这就是缝上了时间与记忆的衣服吧。与其说是为了穿着的衣服，不如说是为了脱下的衣服。在文德斯的电影中，山本耀司也说过

图34 珍妮·开普敦（Jenny Capitain），赫尔穆特·牛顿（Helmut Newton）

图35　Yohji Yamamoto, 1989年春夏系列

"我想设计时间"。优秀的设计师看上去是在处理各种面料的肌理，而实际上的结局，是让人穿上时间。

穿上时间，缝上记忆，这与时刻求新的时尚是完全对立的行为。这种在时尚所追求的"现在"范围之外的行为及其由它产生的各种反射性行为，让人茅塞顿开。我认为这才是真正的时装设计。而只有这样，每一件衣服才会真正带着时代的气息，才真正对得起职人的一针一线。

我们本身这千疮百孔、不平衡的存在，有了衣服的支撑，给予了我们小小的自由。这种自由让我们去抵抗时代带来的压力，告诉自己"这样不行"，然后在自己的表面做出各种各样的变化，脱离人生的种种"不幸"。这就是我们所说的时尚感觉。

如果这就是"时尚感觉"的话，聪明的人就会赶在一切成为流行，备受主流追捧的时候跳进去。这样的人也就是我们所说的"弄潮儿""时髦人"。

"破、解、离"，它们是职人的美学，是时尚的尖端，但其实它们也只是来自弱者的抵抗，同时也是我们开始穿衣的第一步。

我曾经也有过20岁。我说那是人一生中最美丽的年纪也不为过。

60多年前保罗·尼赞[25]在《阿登－阿拉伯半岛》(*Aden, Arabie*) 中所写的这句话，其实这么看起来也挺时尚的，不是吗？

后
记

我在三十几岁的时候，突然开始写起了时尚。其中我主要想讨论的，一个是我们本身实际上就是身体这件事；另外就是我们是如何体验自己身体的。而提起身体，我们通常接触到的都是整理、打扮好的身体。若是和实验室里的人体模型比起来，这样关于身体的概念，难免显得有些抽象。

谈起衣服，就不得不谈到"流行"这个社会现象。超越历史与文化的衣服，我想是不可能存在的。我们每个人都在某个特定的时代、特定的地点诞生。而我们所穿的衣服上，都充满了这个时代、这个地点的各种气息。

这种气息就是时尚。可是随着社会的发展，时尚常常被人们称为"名利场"，好像成了虚荣、表面、浮华、空虚、不实的象征。时尚好像变成了米兰·昆德拉的"生命中不能承受之轻"承担着骂名。

而在我开始写起时尚的时候，很多人都觉得非常不理解，不懂一个研究哲学的人为什么突然研究起这"轻浮"的时尚。连我的恩师也试图用罗兰·巴特的《流行体系》来警告我，好像"世界末日"一样。可是我就是认为时尚的意义其实非常深刻、真实与重要，它的根据、原理、真理与存在对于我来说都非常哲学。

其实说起来也挺奇怪的，哲学家总被认为是很特别的存在，可是有不穿衣服的哲学家吗？像这样时刻瞧不起自己每天穿在自己身上的东西的行为真的对吗？至少我不想研究不瞧不起自己就不行的哲学。

"诗歌让人看见看不见的东西"，这是我特别喜欢的一句长田弘[26]说的话。而这句话也包含了很多哲学上的定义。从古至今的哲学家都写过类似的话题，而我就是想象这样，好好研究去看待服装的方法。

我时常思考着，能不能用哲学的眼光写出一本时尚理论呢？然后我就想到，如果把时尚现象和布莱士·帕斯卡[27]的"不均衡"（Disproportion de l'homme）概念结合起来，其实非常有意思。时尚非常注重"均衡"这个概念。可是将这个概念一举打破的，正是缺乏均衡性的我们——人类。于是带着这样的想法，我开始写起了时尚理论。其中有一本书叫《时尚迷宫》（中央公论社）。这本书受到来自各方面褒贬不一的关注，老实说我自己也受到了不小的刺激。在那之后我开始受邀写时尚评论，得以遇见了很多不同的人。肌理、触感、节奏等这样鲜活的感觉，这好像在长年的哲学研究中忘记了的感觉，慢慢地回到了我的身体。像莫里斯·梅洛-庞蒂[28]现象学中奇妙的世界，由触感、开衩、褶皱、连结、重叠、翻转组成的世界，这个由衣服娓娓道来的世界，好像真的存在。所以我就沉浸在帕斯卡和梅洛-庞蒂的世界里，抓着"不均衡（Disproportion）"这个关键词，写得不亦乐乎。而在这本书中，"Disproportion"被我翻译成了"古怪"。

在那之后，我得到很多机会去做关于时尚的思考、发言与写作。我将这么多年脑中的片段再次重新洗牌，想象着自己的讲述对象是一对初出茅庐的高中生情侣，写成了这本书。我的脑子总是快过我的嘴和手，所以可能在有的文章中还是有些拗口的段落，这是我自己需要反省的地方。可是在大多时候，我都是带着回到自己高中时代的想法而写的，让我获得了很多快乐。

之前我写过一本面向预备校学生讲解时尚的书，名叫《时尚装置》（河合文化教育研究所）。而这次《古怪的身体》则更像是和高中生们坐下来聊聊天。负责这本书的是筑摩书房编辑部的松田哲夫先生和井口香织小姐。特别是井口小姐总是说着"加油，好想快点读到"鼓励着我。当我将原稿发给她的时候，她总是跟我直接而尖锐地说着像"这一段太难懂了"，或是"这一段好生硬"，和"这种表现让女孩子没法接受"这样炮击一样的意见。如果说大家觉得最后这本书有变得好懂一些，我想这都是她的功劳。

1995年6月

鹫田清一

译者注——

26.长田弘：生于1939年，日本诗人。

27.布莱士·帕斯卡（Blaise Pascal）：1623~1662，法国著名数学家、物理学家、哲学家。他的名字被用来命名压强的单位，简称"帕"。

28.莫里斯·梅洛-庞蒂（Maurice Merleau-Ponty）：1908~1961，法国著名哲学家、思想家。他是法国存在主义的代表人物，其著作《知觉现象学》被认为是法国现象学运动的奠基。

文库版 后记

人生真是奇怪。

这面向十几岁读者系列中的一本书，到现在已经快过去十年了。可我自己的"古怪"好像一点都没有变。特别是来自自身的衰弱感，随着年龄的增长，这"古怪"也愈演愈烈。从十几岁的时候到现在，体验着第二次"古怪的身体"。

十几岁年轻人的时尚到今天也仍然朝气蓬勃。我想，大家都是使出自己的浑身解数，为了在滚滚人潮中找寻自己的一席之地吧。我深知像这样挣扎的痛苦，所以时常也会为这些不懈的年轻人感到担心。

而在这十年中，时尚也有着很大的起伏。把时尚挂在嘴边渐渐成了不时尚的事。一方面这是整体品位提高的表现；另一方面，同这个社会的"格斗"，由于其对象变得更加分散与模糊，所以也越发困难。

那些时常浮上心头的"自我存在感"，来自社会的"牺牲小我"的严苛要求，失去目标的空白感，以及在丰富的物质条件下却无法抵抗的匮乏感……它们和时尚一样，都无法用肉眼看见，存在于视线与视线之间的空隙之中。借用芹泽俊介[29]的话说，想要让蜉蝣的身体着陆，只能让它变得更轻。我想现在的时尚中就是充满了这样的感觉。

对于有的人来说，时尚就是用别的东西"伤害"自己的身体。就好像好不容易进入了一家不用穿校服的学校，却特地买来制服穿上一样。"伤害"自己也好，束缚自己也好，往往就是要在自己无法放松的情况下，才能好好抛头露面。

时尚让人快乐，可有的时候，也让人黯然泪下。

2004 年 11 月
鹫田清一

解说

古怪的解说

永江朗

鹫田清一先生在这本书的后记中写道："我在三十几岁的时候，突然开始写起了时尚"。如果模仿他的说法，我在三十几岁的时候，突然读到了他的文章，开始对时尚产生了兴趣。

我想每个人都是这样，在十几岁、二十几岁的时候，自我意识开始觉醒，变得对"自己"这个概念非常在意。时尚在其中确实是一个大问题：我们天天想着要买什么，要穿什么。可是买衣服却没有那么容易。钱永远都是个问题，想要的衣服自己总是买不起。那个时候还没有优衣库、无印良品、GAP，古着店也不像今天这样普遍。而且一件衣服要在什么时候穿，穿上它要去什么地方也总是个问题。在成为社会人之后，也渐渐了解到，原来衣服还可以分为上班能穿的衣服，和上班不能穿的衣服。

可是最难跨越的障碍总是自己。我在二十几岁的时候只有160公分，48公斤。也就是说，普通的S号对于我来说都太大了。另外我的腿也很短。每次在商店看到挂起来的衣服都那么好看，穿在自己身上就好像不是同一件衣服一样，不知道在心里咒骂过自己多少回。我时常想"哎，要是我再高个20公分。不，这太不可能了，10公分，哪怕是5公分……"我不管艳后克莱奥帕特拉如果是个矮鼻子的话世界会变得如何，我只觉得如果我能高个20公分，好像就能改变别人的人生一样。

而现在，好像只要穿上自己喜欢的衣服就好，对于烦恼也好，开心也好，都能一笑了之。也不能说做到豁达的境界，只是过剩的自我意识渐渐开始离开我，我自己也变得不再那么在意"自己"这个概念。可是我对时尚的关心并没有减少，我比以前更喜欢看时尚杂志，也会经常逛商店。前段时间开始学习茶道的时候，对和服也燃起了浓厚兴趣。变得不那么在乎"自己"，一方面是年龄增长的原因，另一方面，和长期阅读鹫田先生的文章也分不开。

说自己变得不在乎"自己"并不准确。其实一直都在乎，只是在乎的是生而为人，无法改变的那些东西。如果此生都无法从这些东西中逃脱的话，那就学着好好观察这在乎的"自己"，品味"自己"。

这本书是一个哲学家对时尚的观察。当中虽然有对川久保玲、山本耀司服装的详细叙述，但是却不仅限于时尚的层面。鹫田先生在书中通过时尚，具体分析了"自己"的身体和"自己"本身。

哲学家永远都在思考"自己"和世界之间的关系。苏格拉底也好，笛卡尔也好，黑格尔也好，都是如此。东方的哲学家也自然是如此。想到服装之于"自己"，就必须想到"自己"之于世界的关系。

可是这也是成长到今天的我才能说出的话。哲学的世界中一直存在各种异端。在本书的后记中，鹫田先生也提到来自恩师的批评。可是我并不认为鹫田先生是一个叛逆的哲学家。我觉得他只是忠于哲学的历史，忠于胡赛尔、梅洛-庞蒂开启的现象学精神，思考着"自己"同这个世界的关系，来到了时尚的世界中而已。

在读了鹫田先生的文章之后，我自己的穿衣打扮好像变成了哲学实践一样。像穿着COMME des GARÇONS的衣服，我就会想着"这个地方为什么要做成这个形状"，或是"这个材料到底是个什么感觉"之类的问题，开始观察自己在穿衣时的各种感觉。

这种观察并不是对设计师意图的一种揣摩。COMME des GARÇONS也好，无印良品、GAP也好，在代官山古着店买的衣服也好，都是一样。而且不止是衣服，从汽车、手机、钢笔这些身上都可以观察到同样的东西。哲学本来就存在于任何地方。

最后我想谈谈鹫田先生。

前段时间我听到有人说，鹫田先生好像是个非常顽固、特别不好相处的人。我想肯定是因为在报纸照片上的鹫田先生总是紧闭双唇，严肃地看着镜头，所以产生了误会。所以希望鹫田先生以后有机会一定换上一张带着笑脸的照片。

另外，他大阪大学文学部学部长、大阪大学副校长的头衔也难免让人望而却步吧。

其实他本人并不是这样。和"非常顽固，不好相处"完全相反，鹫田先生是一个特别亲切（我从没看过他生气），总是带着笑脸，喜欢开玩笑的人。虽然他写作的时候使用的是标准语，但是希望大家在读的时候可以在脑中使用大阪、京都方言，这样就能更好地理解哲学或是时尚不是吗？哈哈，我没开玩笑。

图书在版编目（CIP）数据

古怪的身体：时尚是什么 /（日）鹫田清一著；吴俊伸译 .一重庆：
重庆大学出版社，2015.10（2024.1重印）
（时尚文化丛书）
ISBN 978-7-5624-9110-1

Ⅰ.①古…　Ⅱ.①鹫…②吴…　Ⅲ.①服饰美学　Ⅳ.① TS941.11

中国版本图书馆 CIP 数据核字（2015）第 139750 号

古怪的身体
GUGUAI DE SHENTI
时尚是什么
SHISHANG SHI SHENME

［日］鹫田清一 著
吴俊伸 译

策划编辑：张　维　　责任编辑：席远航
责任校对：邹　忌　　书籍设计：渡　非

重庆大学出版社出版发行
出版人：陈晓阳
社址：（401331）重庆市沙坪坝区大学城西路 21 号
网址：http://www.cqup.com.cn
印刷：天津图文方嘉印刷有限公司

开本：787mm×1092mm　1/32　印张：7　字数：106 千
2015 年 10 月第 1 版　　2024 年 1 月第 8 次印刷
ISBN 978-7-5624-9110-1　定价：48.00 元